LETTRES

SUR

LES ABEILLES

AVEC

DES OBSERVATIONS SUR LES PROCÉDÉS NOUVEAUX,

PAR ALEXANDRE SIRAND,

Juge au Tribunal de Bourg,
Membre de la Société d'Emulation de l'Ain.

BOURG-EN-BRESSE,

IMPRIMERIE DE MILLIET-BOTTIER.

1851.

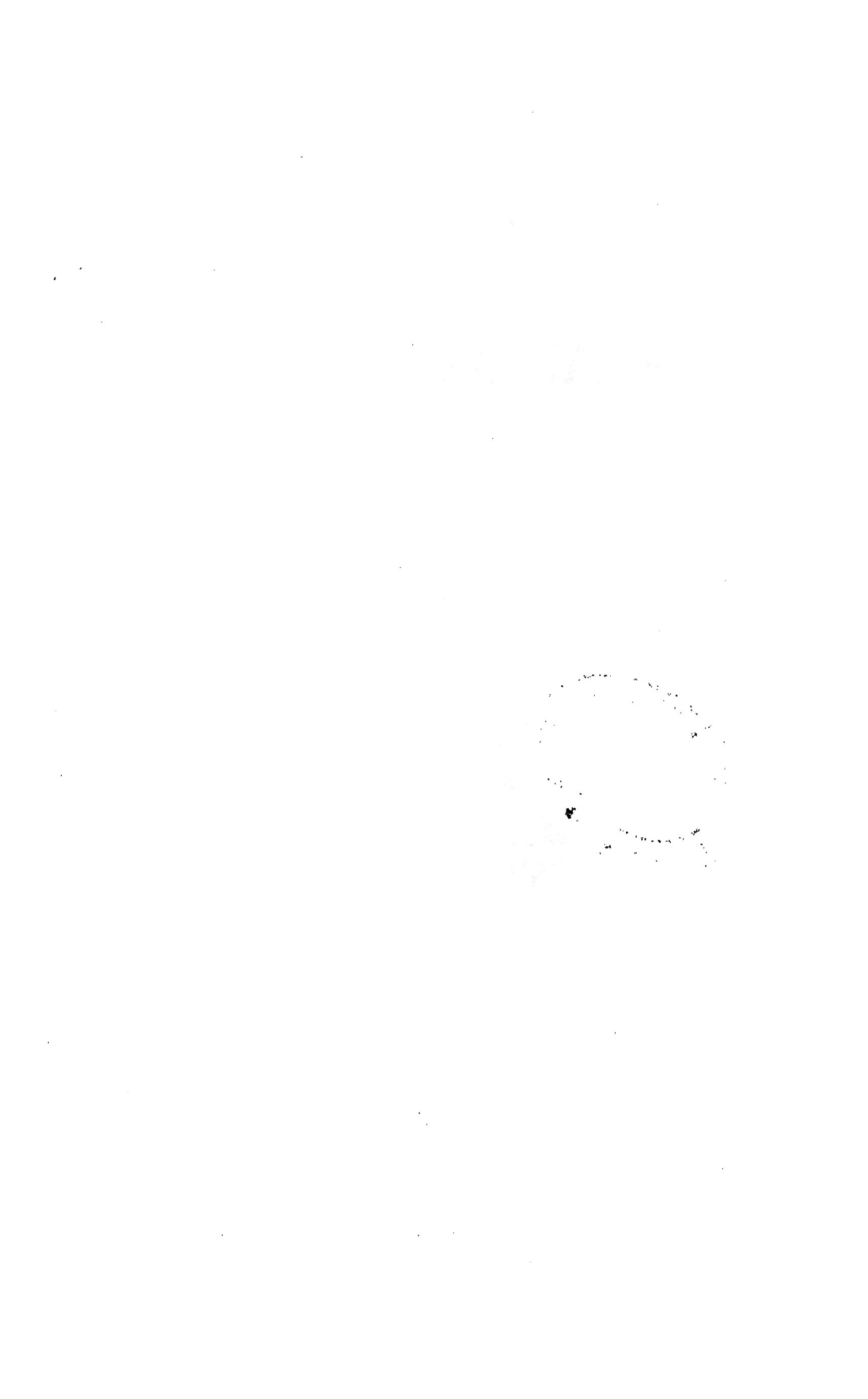

LETTRES SUR LES ABEILLES.

Ces Lettres ont été insérées dans le *Journal de l'Ain*, année 1851, et n'ont été tirées à part qu'à cinquante exemplaires.

A
Madame de Champvaus.

Madame,

Il m'est revenu, pendant l'impression de ces Lettres, que vous aviez témoigné le désir d'en avoir un exemplaire. Je me suis aussitôt proposé de vous l'offrir; je fais plus aujourd'hui, je vous dédie ce faible produit de mes observations sur les Abeilles. Veuillez, je vous prie, Madame, l'accepter comme un tribut mérité par votre amour pour ces précieux insectes qui ont su vous inspirer tant d'intérêt. Je verrai là une condescendance de votre part, et ce sera un honneur pour moi de paraître sous les auspices de l'épouse d'un homme que j'estime et qui voudra bien ratifier cet hommage.

Je suis avec respect,

MADAME,

Votre très-humble serviteur,

ALEX. SIRAND.

1re Lettre.

Coup-d'œil général. — État de la culture des abeilles jusqu'à ce jour dans l'Ain. — Société d'Apiculture à créer. — Statistique apicole.

Depuis quelque temps, l'industrie des abeilles, qui paraissait sommeiller dans le département de l'Ain , semble vouloir prendre un nouvel essor.

Plusieurs expériences ont été faites avec un certain succès ; elles tendent à nous tracer la route d'améliorations importantes à introduire dans notre système d'apiculture. Ce système , il faut bien le dire, n'était jusqu'à ces dernières années qu'une routine aveugle et désolante ; on élevait des abeilles, on prenait leur miel, puis, par reconnaissance, on se hâtait de les faire périr.

Déjà quelques apiculteurs intelligens, révoltés de tant d'incurie et persuadés qu'on pouvait faire mieux avec facilité, introduisirent dans l'Ain la pratique des essaims artificiels, du dégraissage et des capots. L'abbé Ciria, réfugié espagnol, a pratiqué les deux premiers en grand, dans le château de la Servette, commune de Leyment. Le journal de la Société d'Agriculture et d'Emulation de l'Ain ouvrit ses colonnes au compte-rendu des expériences de ce praticien. Ce travail, dû à la plume de M. Antoine Vicaire, notaire à Ambérieu, présenté avec beaucoup de clarté, de méthode et de sagacité, a paru en 1845. La pratique Ciria, du reste importée de son pays, était un grand pas fait vers l'amélioration apiculturale. C'est à bon droit que le comice agricole d'Hauteville lui a décerné une distinction. Au moyen de ses essaims artificiels, il fixait les abeilles sous sa dictature intelligente et, en les transvasant pour récolter leur miel, il s'assurait de leurs provisions sans les faire périr; par ses visites domiciliaires, il parait chaque fois au ravage des fausses teignes et surtout il empêchait avec soin l'épuisement des ruches en leur interdisant d'essaimer 2 et 3 fois. Ajoutons que la *taille* répétée des ruches avait pour but encore de stimuler l'ardeur des abeilles en leur offrant sans-cesse de l'espace à garnir de provisions. Toutefois, nous devons faire remarquer que la méthode Ciria n'est qu'une modification de celle de *Féburier*.

Depuis long-temps déjà, M. l'abbé Guillot, curé d'Ambérieu en Bugey, grand amateur d'abeilles, leur donne des soins raisonnés et approuvés par la pratique moderne. A Nantua, il est juste de nommer M. Julien, restaurateur, MM. Gay et Carrod qui sont cités avec éloge dans un Mémoire étendu sur les abeilles, publié en 1849, par M. Augustin Bernard. Nous aurons occasion d'en parler plusieurs fois dans le cours de ces lettres et de rendre hommage à ses efforts pour amener le progrès dans l'éducation des abeilles et pour ses recherches nombreuses.

Les renseignemens nous manquent sur les progrès faits par les apiculteurs de l'arrondissement de Belley et de celui de Trévoux. Sans doute, dans ces localités comme dans la Bresse, la plus grande partie du miel se récolte dans des ruches *en commande* et confiées à des cultivateurs qui laissent

faire la nature et dont les mouches sont toujours
mises à mort vers la fin de l'automne avant d'être
dépouillées. Il faut le reconnaître, c'est le plus
grand nombre ; et, la chose est peu consolante à
dire, c'est dans notre siècle des lumières que le
progrès a si lentement marché dans cette intéres-
sante branche d'industrie. Tous les efforts des hommes sages et amis de leur pays doivent donc être
dirigés sur ce point.

Propager quelques bonnes pratiques , adopter
certaines améliorations, simplifier les opérations de
l'apiculture , ce n'est pas faire assez, et il est facile
d'entrevoir dès l'abord que cela ne suffit pas pour
imprimer à cette industrie une marche active et
soutenue.

J'ai toujours pensé, et je le proclame ici pour que
la chose retentisse, ce n'est qu'en fondant un grand
centre de progrès, ce n'est que par une association
d'idées et de moyens rendus efficaces par les opérations des membres qui composeraient une société
d'apiculture, qu'on parviendra enfin à des résultats
si importans et si désirables.

Une société serait donc fondée au chef-lieu du département ; chaque arrondissement y serait repré-

senté par tous les apiculteurs intelligens qu'il possède; chacun de ceux-ci entrerait ensuite en rapport direct avec *tous les possesseurs* d'abeilles et il aurait un représentant par canton. Puis, dans une séance générale tenue chaque année, on entendrait le rapport des résultats et des succès obtenus.

La Société aurait pour but de diriger la culture des abeilles en proclamant les seuls moyens utiles et en répandant les meilleurs procédés. Au besoin, elle décernerait des encouragemens. Bref, on verrait chaque année ce qu'il y aurait de mieux à faire. On comprend que je ne puis ici que me borner à de simples indications.

Pour rendre l'action de cette société efficace, on chercherait à se procurer avec le concours et l'autorisation de la préfecture, la statistique aussi complète que possible de *tous les possesseurs d'abeilles;* on aurait le nombre de ruches, la quantité de cire et de miel récoltés tous les ans et l'on pourrait sur le champ évaluer le produit de cette branche de commerce.

Si des occupations nombreuses ne prenaient pas la plus grande partie de mon temps et si quelques ouvrages en voie de publication me laissaient quel-

que liberté, j'aurais aimé à tenter de réunir en un
faisceau tous les élémens apicoles ; en attendant,
je crois devoir publier ces lettres successives dans
lesquelles je passerai en revue quelques-uns des
faits les plus utiles à connaître. Je signalerai surtout les expériences faites par moi de la ruche de
Beauvoys qui commence à se répandre dans le département, ainsi que le procédé du chloroforme in-
venté par M. Herbet, et que j'ai également essayé
depuis peu.

2e Lettre.

Ruches propres à la campagne. — Soins indispensables à l'abeiller. — Le Capot. — Moyens d'exciter les cultivateurs à admettre quelques pratiques nouvelles. — Mode adopté pour forcer un essaim.

———

Une chose importante à considérer dans le régime d'un abeiller, c'est de le garnir de ruches construites dans des conditions au moins supportables : à la campagne, la ruche en paille, quand elle est *valide* encore, est ce qu'il y a de mieux ; mais on en voit bien peu dans le département de l'Ain. Ceux qui ont l'idée d'élever des abeilles se bornent à assembler quelques mauvaises planches, en forme de boîte

carrée, plus ou moins bien ajustées , et, là, emmagasi-
nent grossièrement les intelligentes ouvrières : c'est
un malheur, car bien peu y prospèrent. A la longue,
ces ruches se disjoignent , se fendillent de tous côtés,
et l'humidité , la chaleur, le froid ou les nombreux
ennemis des abeilles peuvent facilement s'y introduire.
Il y a bien le remède d'un enduit quelconque , mais
on se garde bien d'en user, et tout est abandonné à la
Providence. Quelques tuiles que le vent ou les chocs
journaliers dérangent presque toujours, recouvrent à
demi les ruches plates en dessus, ce qui ne les empêche
pas de recevoir et de conserver la pluie , ou bien
d'être trop frappées par la chaleur.

Presque toujours aussi, le plancher qui les supporte
est inégal , versé , peu solide et quelquefois trop
rapproché de terre. Il y a des jours autour de la
ruche , par où peuvent s'introduire les insectes
nuisibles , puis les herbes croissent à la hauteur
des planches , encombrent l'abeiller rustique ; les
crapauds s'y cachent et les limaces aussi, et si les
abeilles fatiguées ou malades tombent à terre , elles
sont exposées à l'humidité qui règne dans ces plantes,
qui , tout au moins , devraient être odoriférantes et
cultivées à dessein. Mais ce n'est pas aux champs qu'il

faut rêver la moindre amélioration ; je ne parle de
tous ces inconvéniens que pour engager les apiculteurs
instruits à y porter remède par leurs exhortations ;
c'est ce que j'ai fait maintes fois : on promet toujours
de s'y conformer, puis on n'en fait rien ; car nos
paysans disent avec assurance que quand on a trop
de soin des *mouches cela les fait périr!*

Si ces apiculteurs négligens et bornés savaient
placer des *capots* sur leurs ruches et les enlever à
propos, nous aurions fait un grand pas dans l'industrie
apicole. Il faut les y amener par l'exemple, leur en
poser un en temps utile, puis les frapper par le
résultat qui peut se traduire à l'instant par de l'argent
sonnant, seul argument à leur portée. La chose est
simple : qu'ils percent toutes leurs ruches en dessus
et qu'ils fabriquent eux-mêmes ce petit *capot* en
paille. Quand l'un d'eux aura réussi, tous ses voisins
l'imiteront. Je fais donc ici un appel aux philanthropes
sincères, à ceux qui comprennent le bonheur d'être
utile, et qui n'en demandent le prix qu'à la propre
satisfaction de leur conscience ; on est heureux de
faire du bien même à ceux qui n'en sont pas dignes
ou qui ne comprennent pas une action désintéressée;
le nombre en est grand, hélas! Pour le diminuer,

2

il faut instruire le peuple, car la lumière seule fait voir clair, et c'est l'instruction qui civilise.

Je ne prêcherai point pour faire adopter aux cultivateurs les ruches nouvelles, plus ou moins perfectionnées; il leur faut des choses simples, faciles à créer ou à soigner; appliquons-nous à les mettre sous leurs mains.

Mais il est une idée qui déjà commence à éveiller l'attention des apiculteurs villageois, c'est celle de prendre le miel sans faire mourir les abeilles; ils ouvrent de grands yeux à cette possibilité qui, tout de suite, leur offre en perspective un produit double ou triple. Mais il faut opérer devant eux, et, au besoin, pour leur propre compte, dans leur abeiller même; en *palpant* le résultat, ils seront tout prêchés et convertis; c'est ce que je me propose de faire moi-même incessamment, par un transvasement et un dégraissage; c'est un peu tard, et mon opération court quelques risques, je le sais, mais je n'ai pu commencer plus tôt; cette année, les ruches sont très-pauvres, et celle que je vais expérimenter est à la campagne. Je rendrai compte en son lieu de mon opération.

On perd beaucoup d'essaims à la campagne, car on n'a pas toujours le temps de veiller à leur sortie;

puis, lors même qu'on s'y trouve, la fortune les emporte au loin malgré vous. Il en sera long-temps ainsi, tant qu'on n'aura pas introduit là l'usage des essaims forcés ou artificiels. Cette pratique est bien à la portée des cultivateurs ; il faudrait la leur montrer une seule fois. Plusieurs méthodes sont conseillées, lesquelles préférer ? Voilà ce qui, en toutes choses, détourne des améliorations : on aime mieux rester dans la routine que de prendre la peine d'essayer les innovations conseillées.

M. de Beauvoys renverse les ruches l'une sur l'autre, la valide en-dessus et frappe pour faire monter les abeilles. — M. Ciria opère à peu près de même ; cependant il diffère en ce que la ruche à remplir est tenue horizontalement à côté de la ruche mère.

Un apiculteur intelligent et bon praticien, M. l'abbé Guillot, se loue de la méthode Ciria et l'emploie constamment (1). M. de Beauvoys se proposait d'essayer un transvasement en octobre, mais à l'aide de pansemens abondans (2). La difficulté con-

(1) Voir le Journal de la Société d'Emulation , 1845, page 345.

(2) Je rendrai compte de ce qu'il a fait, s'il me le mande à temps.

siste à s'assurer de la présence de là reine dans la ruche neuve et de l'époque favorable pour opérer. Tous les auteurs ayant traité ces divers sujets jusqu'à satiété, je n'en parlerai pas ici.

3e Lettre.

Nouvelle ruche perfectionnée par M. de Beauvoys. —
Ses avantages. — Son application dans le département
de l'Ain. — Guide de l'apiculteur.

———

Jusqu'à ce jour, les inconvéniens des ruches
connues étaient signalés par tous les éducateurs
d'abeilles. Je ne m'arrêterai pas ici à les passer toutes
en revue, les nombreux ouvrages publiés sur la
matière en parlent suffisamment; mais il faut bien
le reconnaître, aucune ne renfermait la perfection
désirée, celle qui consiste à voir à volonté l'intérieur
de sa ruche, et de pouvoir y porter au besoin tous
les secours nécessaires. Des ruches en verre, bonnes

uniquement et pour un *certain temps*, pour les observateurs, étaient loin de remplir ce but utile. Les abeilles ne s'accommodent pas d'être aussi souvent observées; les vitres les gênent, elles se fatiguent à les obstruer avec de la propolis et s'épuisent en vains efforts. Puis les ennemis des abeilles étaient libres encore d'exercer leurs ravages, et l'observateur lui-même en était l'inutile témoin.

M. de Beauvoys, médecin à Suette (Maine-et-Loire), frappé des inconvéniens nombreux qui paralysaient les efforts des apiculteurs, a imaginé une ruche dont les avantages paraissent appréciés par les personnes qui en font usage. La Société d'Emulation de l'Ain, après avoir reçu le *Guide de l'apiculteur*, par M. de Beauvoys, ouvrage où il résume toutes les pratiques anciennes, a bien voulu me charger d'un rapport sur ce petit livre, *vade mecum* indispensable d'un bon opérateur. Sur ma proposition, cette Société s'est empressée de faire venir une ruche modèle, afin que les personnes qui désireraient l'adopter pussent en faire fabriquer à leur gré; le dépôt en a été agréé chez moi, où je la tiens à la disposition des amateurs. Tel est l'historique de l'introduction chez nous de la nouvelle ruche perfectionnée. Je me suis empressé

moi-même de la mettre à l'essai; plusieurs personnes
se sont également déterminées à la faire fonctionner.
Dans une lettre prochaine, je rendrai compte de
nos opérations; pour le moment il importe, non pas
de décrire très-minutieusement la nouvelle ruche,
le *Guide de l'apiculteur* ou le modèle que j'ai chez
moi y suppléeront, mais bien d'en donner une idée
qui éveille assez l'attention des apiculteurs.

C'est une boîte en peuplier ou sapin, aussi épais
que possible, car cette épaisseur, je l'ai remarqué,
empêche les planches de se voiler, ce qui est *très-
important;* la paroi antérieure est moins élevée que
la postérieure, ce qui facilite l'écoulement des eaux
pluviales, et à l'intérieur celui des vapeurs humides
de la ruche. La partie inférieure reste vide lorsqu'on
enlève la ruche de dessus le tablier ; les parois
latérales se meuvent à volonté, elles doivent jouer
facilement et pouvoir rentrer dans la ruche si on le
désire. M. de Beauvoys remplace ces portes, pendant
l'été, par des châssis en toile métallique, afin de
donner de l'air aux abeilles, et encore pour les voir
travailler. Ainsi, l'aspect extérieur de cette ruche
ressemble à une petite maison recouverte d'un toit
qui déborde à l'entour. Mais c'est à l'intérieur que se

trouve le perfectionnement important : il se compose de neuf cadres mobiles, et d'une largeur égale à l'épaisseur des gâteaux, soit de 2 centimètres 2 millimètres ; de petits liteaux fixés aux côtés de ces cadres empêchent qu'ils ne se joignent trop. Ces cadres, divisés en trois compartimens, s'enlèvent tous séparément, et, malgré leur forme singulière, ils ne paraissent point déplaire aux abeilles qui savent promptement s'en accommoder. Cette description sommaire serait insuffisante pour arriver à la construction de la ruche ; il faut absolument pour cela que l'ouvrier ait sous les yeux le modèle. Je passe aux avantages bien tranchés de cette ruche. Ici je laisserai parler l'auteur :

« 1° On peut s'emparer du miel et de la cire sans détruire les abeilles, ni même les faire sortir de la ruche.

« 2° On peut détruire les fausses-teignes et surveiller leur apparition.

« 3° On nourrit les abeilles d'une manière efficace, pendant les temps les plus calamiteux, en plaçant la nourriture dans les cadres mêmes.

« 4° On s'empare des essaims ; on en fait d'artificiels avec certitude ; on empêche que la ruche n'en jette de nouveaux.

« 5° L'amateur peut observer facilement les travaux des abeilles.

« 6° Chaque édifice peut être vu sur les deux faces, avantage immense pour l'éducateur et pour l'observateur.

« 7° Le renouvellement de l'air à l'intérieur de la ruche est toujours facile.

« 8° Les vapeurs intérieures suivent le plan incliné de la toiture et viennent tomber sur le tablier.

« 9° Sa capacité peut être augmentée ou diminuée. »

Tels sont les principaux avantages que présente la ruche de Beauvoys ; chaque apiculteur les comprendra promptement ; avec cette ruche, on peut dire que l'on tient ses abeilles sous la main, et à volonté on s'assure de l'état de la population avec certitude, tandis qu'avec les autres on était réduit à conjecturer plus ou moins bien sur le régime intérieur des diligentes ouvrières, exposé que l'on était, malgré la réalité de certains signes, à se tromper souvent ; car il se rencontre de nombreuses exceptions dans la

3

situation ordinaire des ruches. Ces exceptions tiennent trop souvent à la disette intérieure, à la faiblesse ou à l'absence des reines, et aux retards divers qui se rencontrent dans le plus ou moins de prospérité de la ruche.

J'ai l'espoir que les essais tentés dans notre département nous mettront bientôt à même de nous prononcer définitivement sur le mérite de la ruche perfectionnée; ils seront assez nombreux, si j'en juge par le petit ouvrage de M. de Beauvoys, répandu par mes soins. Quatre personnes, à ma connaissance, ont dû faire l'essai de la ruche. Diverses tentatives faites par moi-même ne m'ont pas complètement réussi; j'expliquerai pourquoi, car je pense que pour juger un procédé il faut l'avoir étudié en entier. Je regretterais, en m'arrêtant à un insuccès, d'être injuste envers l'auteur lui-même, et surtout de compromettre l'application de sa ruche; mais je dois dire ici, afin de paralyser l'effet fâcheux de ce que je viens d'annoncer, que partout M. de Beauvoys recueille des médailles et des mentions distinguées des Sociétés savantes qui ont étudié son nouveau système, et que dans le pays qu'il habite plus de six mille de ses ruches fonctionnent avec distinction.

———

4ᵉ Lettre.

———

La pratique de la ruche a démontré à M. de Beauvoys qu'elle devait subir diverses modifications. On sait que les abeilles placent toujours leur miel dans la partie supérieure des gâteaux, puis le couvain dans le bas. Quand on veut récolter, il en résulte qu'avec les cadres les abeilles ne reconstruisent pas les édifices supérieurs qu'on a enlevés ; dès-lors on apporte un grave dommage à la population. Pour y remédier, M. de Beauvoys a proposé, dès le prin-

cipe, d'établir des cadres brisés et pouvant à volonté
se superposer i'un à l'autre. Maintenant que le besoin
de cette amélioration est urgent pour cet apiculteur
et qu'il en a senti par une plus longue expérience
toute l'utilité, il vient d'adopter entièrement la ruche à cadres brisés. J'avais eu, dans une correspon-
dance avec M. de Beauvoys, l'occasion de lui parler
du peu de solidité des cadres qui surplombaient les
uns sur les autres quand on en enlevait un ; il a
donc ajouté à la ruche des pitons latéraux fixés au
plafond et qui entrent dans des mortaises pratiquées
aux cadres ; de la sorte ils sont contenus quand *le
dernier est placé.* Mais je remarque ici que lorsqu'on
a enlevé le premier cadre, les autres peuvent encore
arriver sur l'opérateur, ce qui est un inconvénient ;
j'en ai fait l'épreuve et je puis dire combien on se trouve
embarrassé pour le maniement des cadres, étant
ganté avec défaveur et maladroit par conséquent :
la plus grande contrariété que j'aie éprouvée est de
ne pas avoir l'adresse ordinaire *des mains libres ;* puis
le bourdonnement inquiétant des abeilles en colère
gêne aussi l'opérateur et lui ôte son sang-froid. Ainsi,
dans cette position, il est très-pénible de s'apercevoir
que les cadres peuvent se déplacer seuls si on ne les

tient pas , occupé que l'on est des deux mains. L'assistance d'un aide peut obvier à cela , mais on est souvent seul ; on trouve peu d'*alter ego* pour cette besogne.

Les abeilles finissent par fixer avec de la propolis tous les cadres et les portes ; chaque fois qu'on les dérange on leur cause une grande perte de temps ; en été cela est moins dangereux ; mais en automne , en hiver, pour les pansemens, c'est un mal sans remède ; on a beau garnir les portes avec un ciment quelconque , les abeilles sont très-contrariées ; voilà un inconvénient pour la nouvelle ruche. Après tout, ces pauvres abeilles ne sont - elles pas nos *souffre-douleurs !....*

Diverses autres petites modifications , telles que des manettes en fer pour manœuvrer les portes, ont été apportées à la ruche première , et maintenant M. de Beauvoys ne parle plus que de la seconde dont tous les cadres sont brisés. Une lithographie représentant celle-ci, répandue par lui , donne une idée parfaite de ce nouvel édifice mellifère.

Il est facile de s'apercevoir, d'après ce qui précède, que la confection et la manutention de cette ruche n'est pas à la portée de tous. Les riches amateurs d'abeilles peuvent seuls l'adopter ; mais, il faut l'avouer, elle leur offre beaucoup d'attraits et de moyens de s'instruire, en permettant d'observer à volonté le travail des abeilles. Le prix de revient de la ruche se monte à 6 fr. en ville ; à la campagne, en fournissant le bois, on doit l'avoir à bien meilleur marché.

M. de Beauvoys a également donné le modèle d'une ruche vulgaire, et la chose était indispensable pour populariser son invention perfectionnée. Ainsi il fabriquait des ruches rondes en paille en forme de petits tonneaux et se posant sur le côté ; elles étaient remplies de cadres ronds ; aujourd'hui il indique une nouvelle modification qu'il est bon de connaître : c'est une ruche en cône tronqué, avec des cadres en cerceaux d'osier, offrant deux compartimens en hauteur et reposant sur un liteau dans lequel ils sont plantés, puis tous les liteaux se posent à deux travers de doigt du tablier ; ils ne touchent point aux parois latérales (1). Pour opérer, on renverse la ruche et l'on soutire les cadres que l'on veut visiter. Je n'ai pas essayé cette ruche, mais elle me paraît simple et d'un maniement bien commode, chose que nous recherchons

(1) Lettre de M. de Beauvoys du 24 octobre 1850.

tous. Il me tarde de savoir ce que la pratique nous apprendra à ce sujet. Si elle réussit, nos gens de campagne pourront l'adopter avec avantage ; elle se trouvera à la portée de leur intelligence, du temps qu'ils y peuvent consacrer, et de l'adresse dont ils sont susceptibles ; tout cela doit entrer en ligne de compte.

Il faut se hâter de le dire, à la campagne on vend le miel vers le milieu d'octobre ; c'est l'époque où passent les marchands. Mais ce n'est qu'au printemps, après l'essaimage, qu'on peut dépouiller sagement les abeilles quand on ne veut pas les faire périr. Avec les ruches de Beauvoys, il faut récolter son miel soi-même, ce qui est ennuyeux, incommode et impraticable pour le grand nombre. Ce sera là pendant long-temps encore un obstacle à l'adoption des ruches perfectionnées. Je suis donc obligé de faire remarquer que ce perfectionnement n'est utile, jusqu'à nouvel ordre, que pour les amateurs intelligens et fortunés, ainsi que pour les personnes qui tiennent plus à observer les abeilles qu'à faire un commerce de cire et de miel.

Il est temps de parler de l'affubloir ; c'est là que M. de Beauvoys a parfaitement réussi. Il se couvre

d'un chapeau de paille à rebords grands et solides,
puis il endosse une chemise de roulier au collet
de laquelle est cousu un voile large en gaze qui se lie
autour du chapeau à l'aide de cordons en coulisses;
il se gante avec des sacs de calicot, revêt des guêtres
sur un double pantalon, serre la chemise autour du
corps, et de la sorte il brave la fureur des insectes
qu'il veut dépouiller de leur miel.

Cet affubloir dont je me sers, est très-avantageux ;
on respire à son aise sous le voile de gaze et on peut
rester long-temps ainsi coiffé sans étouffer comme
avec le masque ordinaire ; c'est là un grand point,
j'en appelle aux opérateurs.

Quant aux gants de calicot, je ne les trouve pas
suffisans, et les dards y pénètrent quelquefois ; j'ai
doublé les miens avec de la toile cirée, mais on a trop
chaud aux mains et puis on est maladroit, car les doigts
ne peuvent saisir les objets minces, les cadres, les
outils légers dont on a besoin souvent pour chasser les
abeilles des gâteaux etc... Des gants en caoutchouc,
dessinant la main, seraient une bonne chose si on
n'étouffait pas avec et s'ils étaient *malléables ;* en peau
de daim ils seraient bons ; j'ai remarqué que les
dards y restent plantés ; alors si on est garanti, il est

fâcheux de causer la mort de quelques abeilles.

Quand on veut enlever les cadres d'une ruche, il faut avoir sous la main un dressoir où on les place avec ordre. M. de Beauvoys en a indiqué un en laissant à chacun la faculté de le fabriquer comme il l'entendra. Ce petit meuble, je le conçois pour les cadres entiers, mais comment en imaginer un pour les cadres brisés ? C'est plus difficile, et il est à craindre qu'on ne mêle les cadres de dessus avec ceux de dessous, à moins d'une grande attention. Il faudra donc confectionner ce dressoir avec soin, et il me semble que son emploi est un obstacle à l'adoption de la ruche. Celui de la ruche vulgaire sera plus simple puisque les cadres sont d'une seule pièce.

5e Lettre.

Observations sur la ruche perfectionnée. — Compte-rendu de mes essais. — 1er transport d'abeilles de la campagne à la ville.

———

Il est bon de consigner ici quelques considérations sur la ruche de Beauvoys. Les cadres n'étant pas tout-à-fait adhérens à la caisse, les abeilles se croient obligées de les souder en plusieurs endroits ; ce sont des efforts et du temps perdus. Les cadres brisés offriront le même inconvénient ; car, bien qu'ils reposent l'un sur l'autre aussi bien que possible, il y a toujours une légère fente que les abeilles s'empressent de boucher ; je l'ai observé chez moi.

La propolis qu'elles y emploient est d'un jaune de gomme-gutte non délayée; je l'ai goûtée et lui ai trouvé un goût de résine légèrement amère et très-tenace sous la dent.

Un autre désagrément dont il faut bien avouer aussi l'existence, c'est d'avoir une ruche qui laisse des jours sur les côtés; car quelque bien ajustées que soient les portes latérales, et en dépit des crochets qui les brident, le soleil et la pluie les disjoignent toujours, et, malgré l'épaisseur du bois, elles se voilent par les effets répétés de la chaleur. Dès-lors, il faut luter ces fentes avec un mastic approprié à la chose, puis le remettre quand on a visité la ruche, ouvert une porte, etc. Certainement cela *peut se faire*, mais *le fait-on* toujours? Non! Nous sommes négligens par nature. Il arrive alors que les fausses teignes peuvent pondre facilement leurs œufs dans ces fentes et s'introduire dans la ruche sous forme de vers. Quand on n'a qu'une ou deux ruches à soigner on peut bien le faire en conscience, mais pour celui qui opère en grand, il arrivera presque toujours qu'il remettra de garantir les siennes à tel ou tel moment, et, pendant l'intervalle, l'ennemi s'introduira dans la place. Les abeilles à la fin bouchent elles-mêmes tous les jours, mais c'est là un grand travail pour elles ; et encore, si on ne les détruisait pas de temps en temps ! J'ajoute que lorsqu'on veut enlever une porte, on a beaucoup de peine parce qu'elle est *collée*. M. de Beauvoys dit : « Il faut soulever un peu la porte pour la détacher. » Il oublie qu'il y a un liteau qui la tient fixée raide, de chaque côté et en bas.

Par sa forme, la ruche de Beauvoys est gracieuse et commode pour orner les jardins anglais, les diverses parties d'un potager. L'auteur a eu le soin de nous le faire remarquer : ainsi isolément elle réussit très-bien. Quelques amateurs objectent que les ruches isolées sont exposées à être culbutées par les coups de vent, c'est vrai ; mais le remède est bien facile : je les assujetis par un fil de fer cloué au tablier en avant et en arrière de la ruche, après avoir passé par-dessus. Il ne faut pas se faire un monstre de quelques difficultés.

Il est indiqué aussi de laisser sous le tablier une ouverture grande de trois centimètres au moins, fermant à volonté à l'aide d'une planchette à coulisse. Par ce moyen, on donne de l'air aux abeilles pendant les chaleurs. Je n'ai pas jugé convenable

de recourir à cet auxiliaire et en voici la raison :
souvent les abeilles tombent des gâteaux affaiblies
par diverses causes ; les jeunes qui viennent d'éclore
y sont exposées, cela s'est vu, et il n'est pas d'observateur, je pense, qui n'ait remarqué souvent des
groupes d'abeilles mortes sur le tablier, en dedans
de la ruche ; or, si une ouverture eût existé là elles
seraient tombées à terre, et, comme elles reviennent
quelquefois à la vie, l'humidité ou le froid les font
périr entièrement.

Tels sont les avantages et les inconvéniens de la
ruche perfectionnée. Je n'ai pas dû les passer sous
silence, pas plus les uns que les autres ; mais je ne
puis, jusqu'à nouvel ordre, m'empêcher d'insister
sur les premiers ; ils me paraissent incontestables.
J'ai dit jusqu'à nouvel ordre parce que mes essais
ne m'ont pas entièrement satisfait, et je ne veux
point, par un enthousiasme mal raisonné, exposer
mes compatriotes à quelques mécomptes en adoptant
trop vite cette ruche. Mais j'ajoute que M. de Beauvoys est enchanté qu'on lui signale les défauts et les
perfectionnemens utiles dont sa ruche est suscep-
tible.

Je vais faire part de mes opérations dans l'emploi

de la ruche de Beauvoys ; on y trouvera les tâtonne-
mens d'un nouveau débutant qui, jusqu'à ce jour,
grâce aux piqûres des abeilles, conservait pour elles
une aversion prononcée. J'ai pensé que mon compte-
rendu serait peut-être agréable aux vieux praticiens,
et qu'il scrait utile aux commençans : on aime à
rencontrer quelqu'un qui ait partagé notre embarras ;
j'avoue que j'aurais bien voulu moi-même trouver
quelque part des enseignemens minutieux qui pussent me guider. Les préceptes des auteurs que j'avais
lus et relus ne s'appliquaient plus à ce que j'allais
entreprendre, et M.de Beauvoys qui seul pouvait m'é-
clairer, était bien loin de là ; mais on va voir que je
fus forcé, encore bien malgré moi, de commencer trop
tôt mes opérations : c'était débuter contre vents et
marée.

Le 19 juillet 1849, j'ai apporté de la campagne
une ruche pleine d'abeilles ; elles n'ont pas été in-
commodées de trois heures de voiture. La ruche était
enveloppée d'une toile d'emballage claire. Ce voyage
avait lieu à la fraîcheur ; je profitai du froid de
la nuit pour les mettre en place à dix heures du soir.

Quand ces déplacemens sont faits avec soin, ils
n'ont aucun inconvénient pour les abeilles qui vont

butiner comme si de rien n'était. Elles ont si bien
la mémoire du domicile qu'elles reviennent le premier jour au leur avec autant d'assurance que si
elles n'avaient pas voyagé. Il est du reste, des pays
où c'est l'usage de les parquer ainsi en les trans-
portant d'une contrée dans une autre plus tardive,
quand la première est épuisée.

Cependant, les abeilles s'aperçoivent très-bien
qu'on les a dérangées ; le premier jour les miennes
commençaient à peine à se montrer à 7 heures du
matin. Quelques-unes seulement allaient aux champs
après avoir voltigé autour de la ruche comme pour
la reconnaître.

La ruche, quoique pleine de gâteaux jusqu'au
bas, était très-légère : les provisions manquaient,
partout les ruches étaient en souffrance, et l'on sait
que cette année n'a rien valu. Aussi mon gardien
d'abeilles à la campagne disait-il : *cette année, elles
ne sont rien malines.* Je l'attribuai à leur état de
souffrance. Le troisième jour, les abeilles sortaient
en foule et je les ai vues retourner à la provision le
23 juillet à 8 heures du soir, aux approches de la
nuit. Elles sortaient, même par la pluie, et un
jour qu'un grand vent régnait elles se battaient pour

boire dans des soucoupes que j'avais placées auprès d'elles. Cette première opération servira d'indice à ceux qui voudraient apporter à la ville des abeilles établies à la campagne.

6e Lettre.

2° *Application de la ruche de Beauvoys à Bourg.* — *Suite.* — *Transvasement d'été, de printemps et d'automne.*

Le 5 août 1849, je ramenai encore de la campagne à la ville trois ruches pleines ; ne les ayant pas renversées pour les apporter, je m'aperçus en arrivant que les gâteaux de deux ruches s'étaient détachés. Cet accident me donna beaucoup d'embarras et me força d'opérer aussitôt mon transvasement que je ne voulais faire qu'au printemps prochain. Contraint par la nécessité, je me hâtai de tailler les gâteaux

5

détachés pour les ajuster tant bien que mal sur les cadres de la nouvelle ruche, les liant de mon mieux avec des fils de fer minces, et puis ayant attendu le soir je plaçai cette ruche à terre sur des cales; j'apportai la ruche pleine et je la secouai à plusieurs reprises sur un drap étendu devant elle. Grande agitation comme on peut le penser; ayant aperçu la reine je la mis sous verre; pendant ce temps les abeilles rentraient en foule. Je soulevais le drap, de temps en temps, pour les pousser dans la ruche, et je balayais avec une plume celles qui s'obstinaient à rester sur la ruche; alors le plus grand nombre étant dedans, je présentai la reine à l'ouverture, elle s'enfonça bientôt au sein de ses abeilles. A huit heures du soir, tout étant calme, je portai la ruche sur la table où je voulais la laisser. Comme il n'y avait pas un atôme de miel dans les gâteaux tirés de la ruche ancienne, j'emmiellai plusieurs de ceux que j'avais assujettis aux cadres; puis, pendant quatre ou cinq jours, je leur donnai du miel dans des soucoupes, couvertes de canevas clair, en plaçant ces vases sous la ruche même pour éviter le pillage. Comme un certain nombre d'abeilles s'étaient obstinées à rester seules sur les anciens gâteaux, je les balayai doucement, en les apportant près de la ruche de transvasement.

Le lendemain cette ruche travaillait un peu ; deux jours après j'y remarquai de l'activité ; on déblayait les cellules ; on enlevait les larves mortes, on soudait les gâteaux, etc...

Cette ruche a péri l'hiver, quoique je l'eusse rentrée dans un appartement. Le froid y gela des orangers ; mais c'est à cette intempérie que j'attribue ce sinistre, car au printemps, voulant débarrasser les cadres, je m'aperçus qu'il restait encore un peu de miel. Les abeilles étaient placées par groupes agglomérés, une partie était enfoncée la tête la première au fond des alvéoles ; sans doute, en cherchant ainsi à se substanter, le froid les avait saisies. Je ne vis pas la reine parmi les abeilles mortes, le tablier en offrait un certain nombre. La population s'était bien diminuée, et beaucoup avaient disparu en allant aux champs, car la saison étant très-mauvaise à cause de la sécheresse, elles ne trouvaient pas à manger.

Ma seconde ruche transvasée a été plus misérable encore ; je n'avais pas vu la reine, et le 28 août, c'est-à-dire vingt-deux jours après, cette ruche était vide Je ne puis m'expliquer cette disparition, que par l'idée que la reine a emmené tout d'un coup ses abeilles. Cependant je ne m'étais aperçus de rien, et à l'extérieur je n'avais pas vu de mouvemens qui annonçassent un départ plus ou moins prochain. Ce qui m'a confirmé dans cette idée, c'est qu'un matin j'aperçus à terre, dans l'herbe mouillée, un cent d'abeilles; elles étaient récemment écloses; ce que je reconnus à leur aspect blanchâtre et à la faiblesse de leurs allures; ayant regardé aussitôt dans la ruche, je la trouvai vide! Donc les anciennes étaient parties le matin, et ces jeunes abeilles, trop faibles pour les suivre, étaient tombées à terre au moment du départ.

Ainsi voilà deux transvasemens suivis de peu d'effet; mais il faut bien se rappeler que je les avais faits intempestivement, et que M. de Beauvoys ne transvase avec succès qu'en avril et mai, dans les pays de culture variée; puis en juillet et août dans ceux où la culture du sarrazin est pratiquée. J'aurais bien opéré en août, mais la saison était fort contraire; les abeilles avaient souffert, et avaient subi trop de dérangemens. M. de Beauvoys rapporte qu'on a vu quelquefois la reine quitter la ruche après le transvasement et aller s'établir ailleurs; il suppose

qu'il serait prudent, peut-être, de lui couper un
peu les ailes; mais cependant il craint que cela ne
nuise à cette précieuse abeille, et je crois qu'il a bien
raison; il se demande, si en cet état, elle pondra des
mâles et du couvain royal?

Je ne me laissai pas rebuter par cet insuccès,
et comme j'avais gardé pour le printemps deux autres ruches afin de les transvaser plus favorable-
ment, si surtout je ne pouvais recueillir les essaims
dans les ruches nouvelles, ce qui valait bien mieux.
Le 20 mai 1850, voyant qu'elles n'essaimaient pas,
j'ai cherché à *forcer* un essaim, suivant la pratique
des auteurs, et surtout celle de M. de Beauvoys.
Mais les abeilles ne voulaient pas monter dans la
ruche neuve: je me décidai alors à les transvaser
sur place. C'est une opération capitale et qui demande de l'adresse; malheureusement affublé comme
on l'est et gêné de toutes les manières, on est très-
maladroit.

J'étais réduit à détacher tous les gâteaux, ayant
placé ma ruche neuve à terre et à chasser les abeilles
dedans; un drap les recevait à mesure, et à la fin
j'en vis beaucoup de mortes ou d'enmiellées. Je n'a-
vais pu trouver la reine. Je portai mon drap vers le

tablier où j'avais, par précaution, placé une ruche. vide pour recevoir les *déroutées* et beaucoup y étaient déjà installées.

Je la remplaçai par la nouvelle et je mis à terre sur le côté l'ancienne ruche où étaient les fonds de gâteaux non détachés. Une heure après elle était remplie d'abeilles ; sans doute la reine y était ; alors je mis à côté sur des cales la ruche à cadres et je secouai fortement la vieille pour faire tomber les abeilles sur le drap. A 4 heures du soir, elles entraient dans le nouveau domicile ; le temps était à la pluie et comme tout paraissait calme, grâce aux approches de l'intempérie, je plaçai ma ruche sur le tablier.

Résultats. — Comme j'avais placé des vitres de chaque côté de cette ruche, j'ouvris les petites portes qui les masquaient pour examiner mes abeilles : je les vis occupées déjà à rétablir le dommage éprouvé par les gâteaux attachés aux cadres ; d'autres enlevaient les opercules du couvain et le déménageaient ; je pensai qu'elles voulaient faire de la place pour y mettre des provisions ou pour que la reine pût y pondre.

On conseille de ne laisser d'ouverture que d'un

côté pendant quelque temps ; mais voyant qu'elles se présentaient pour entrer de tous côtés suivant l'habitude qu'elles avaient prises dans leur ancienne ruche qui était ouverte partout et très-pleine, je leur laissai ouverte aussi la nouvelle ruche des quatre côtés.

7e Lettre.

Transvasement. — Suite.

Il est bon de constater l'état de l'ancienne ruche;
il peut servir à expliquer bien des choses.

A mon grand étonnement je ne trouvai pas de
miel; et comme la ruche était très-lourde avant l'hiver, il a fallu que les abeilles aient bien consommé au
printemps : c'est pourtant l'époque où l'on dégraisse
et où les provisions ménagées l'hiver sont abondan-
tes ; on voit qu'il y a bien des mécomptes à attendre
et combien on est exposé avec l'ancien système à
troubler inutilement les abeilles; avec la ruche à
cadre, s'il n'y a rien, au moins on n'a rien boule-

versé. Ceux qui châtrent leurs ruches en mars ap-
portent souvent un grave préjudice aux abeilles, si la
saison qui suit n'est pas bonne, comme nous l'avons
vérifié cette année. Il est constant, par mon exemple,
qu'il y a des années où le dégraissage du printemps
est funeste. Avec la ruche à cadres et surtout en ne
prenant que les cadres tantôt pairs, tantôt impairs,
on n'affaiblit pas trop les abeilles; et, je le répète,
si on voit que les provisions sont réduites, on ne dégraisse pas.

Il y avait dans ma ruche transvasée du couvain
de plusieurs âges, ce qui m'indiquait que la reine
pondait. Les alvéoles de bourdons étaient presque
tous vides, ainsi que quatre alvéoles royaux; je vis
très-peu de pollen, et pourtant depuis longtemps les
abeilles en revenaient chargées; je fus convaincu
qu'elles en nourrissaient les larves, qui le consom-
maient au fur et à mesure. Une erreur répandue dans
la campagne, c'est que les abeilles font le miel avec
ce pollen; il est bien temps d'apprendre aux cultivateurs que tout le miel qu'ils mangent est dégorgé
de l'estomac des abeilles, et que ce qu'elles appor-
tent à leurs pattes n'en est pas et sert de nourriture
aux jeunes.

6

On dit que la cire, blanche d'abord, devient jaune,
puis noire ; on en trouve, en effet, dans les ruches, de
ces différentes nuances ; cependant il y en a de l'*ancienne* qui reste jaune ; si cela n'est pas, pourquoi
donc le sommet des gâteaux où se tient le miel est-il
jaune-clair, tandis que le reste, *jusqu'en bas*, est très-
noir ? il faut admettre que, quoique ancienne, la cire
reste jaune parce que le miel la préserve du contact
de l'air.

Une chose que j'ai constatée, c'est que les abeilles
font de la cire noire ; en effet, ayant placé sur mes
cadres des alvéoles d'abeilles dont la cire était noire,
je vis celles-ci les *agrandir* et en faire des alvéoles
de bourdons ; mais pour cela elles n'employèrent pas
de la cire blanche ; on dira qu'elles pétrirent l'ancienne, c'est une chose certaine, mais aussi je ferai observer que ces cellules agrandies ne pouvaient pas
l'être seulement avec la cire ancienne, d'abord parce
qu'elles étaient plus volumineuses, ensuite parce
qu'elles avaient un bourrelet épais ; il est donc avéré
qu'elles font de la cire noire, ou tout au moins
qu'en mêlant la nouvelle à l'ancienne, c'est la couleur de cette dernière qui l'emporte.

J'opérai un deuxième transvasement le 6 juin suivant, à l'aide du chloroforme et avec l'appareil de M. Herbet; je parlerai plus tard de ce procédé; pour le moment je dois me borner à raconter le résultat de cette nouvelle application à la *ruche perfectionnée.*

Les abeilles ayant été recueillies dans le panier grillé de l'appareil Herbet, à 7 heures du soir, je les y laissai jusqu'au lendemain matin. Ayant alors remplacé, près du tablier, la ruche ancienne par une de Beauvoys, j'approchai les abeilles de cette ruche et secouai le panier pour les en faire sortir; un drap était étendu au-devant; je fus obligé de répéter plusieurs fois cette manœuvre, m'éloignant à chacune de la ruche pour laisser calmer les abeilles qui étaient dans une très-grande agitation. Pendant tout le jour elles voltigeaient vivement dans mon jardin, loin de la ruche; on ne pouvait approcher sans danger; mais, étant bien affublé, je mis enfin la ruche en place, et à la nuit l'ordre y régnait. Je n'avais pu m'assurer si la reine était entrée; je vis le lendemain les abeilles occupées à nettoyer les gâteaux que j'avais attachés aux cadres; mais n'ayant pas trouvé dans l'ancienne du couvain de moins de trois jours, ni d'alvéoles royaux pleins, je fus privé d'une précieuse ressource.

Pendant les jours suivants je m'aperçus que les abeilles diminuaient, je négligeai de visiter la ruche, pensant éviter de les troubler, car l'opération qu'elles venaient de subir les avait trop affectées déjà, quoique ce ne fût pas une raison de les laisser en repos. Bref, au bout de quelque temps ne voyant plus d'abeilles du tout, j'apportai la ruche dans une chambre et me disposai à arranger les cadres pour l'emporter à la campagne.

Quel ne fut pas mon étonnement de voir les fausses teignes en pleine possession de la ruche : les gâteaux étaient collés les uns aux autres; des toiles de chrysalides et des chenilles s'étaient installées partout.

Je comptai plus de cinquante chenilles vivantes, de toutes grosseurs, et plus de vingt cocons que je mis à part; on doit penser quel dégât ces insectes produisirent, et je ne suis plus étonné que mes abeilles aient déserté; je pense néanmoins que l'immense dérangement produit par le transvasement les a dégoûtées bien avant que les teignes ne fussent parvenues à triompher; il faut que la reine les ait emmenées. Je dis encore, pour cette seconde fois, qu'aucun signe extérieur ne m'a tenu en éveil sur ce départ.

Je dois expliquer que ces teignes se sont engendrées dans d'anciens gâteaux, attachés aux cadres et tirés d'une autre ruche infestée. Quand je les ajustai, il ne me sembla pas cependant qu'ils recélassent tant d'ennemis ; je n'aperçus pas de chenilles, mais nécessairement il y avait des œufs quelque part. Ce fait démontre combien on doit apporter de surveillance à visiter ses ruches et à choisir ses gâteaux. L'existence d'une ruche en dépend.

Ainsi voilà un deuxième transvasement qui n'a pas réussi ; on en voit la cause.

8e Lettre.

———

La ruche que je venais d'opérer ne contenait qu'un peu de miel placé au sommet des gâteaux. J'y aperçus deux ou trois alvéoles royaux, mais vides. Le pollen était placé circulairement autour du couvain, lequel était en assez grande quantité, celui de mâles aussi. Du miel commençait à garnir les alvéoles vides de nymphes.

Dès le premier jour, les abeilles pourchassaient les bourdons, voulant éloigner les bouches inutiles;

elles reconnaissaient donc qu'elles n'en avaient pas besoin : cependant la veille encore elles les respectaient. J'en vis néanmoins plusieurs qui leur faisaient la toilette, les caressant avec la trompe ; comment expliquer cette contradition ?

Les abeilles de cette deuxième ruche étaient bien plus irritables que celle de la première ; je pouvais à peine en approcher : il y en avait toujours une prête à me poursuivre avec ténacité. Est-ce l'effet du chloroforme ? Je dois le penser ; comment ne seraient-elles pas impressionnées fortement par une émanation pareille ! Je le répète, la première ruche transvasée sans auxiliaire violent a toujours été calme.

La ruche à cadres offre cet avantage que l'on n'est pas obligé de les laisser tous quand on transvase ; j'en ai profité pour historier à l'aise dans un appartement quelques-uns des gâteaux de la ruche transvasée. Je choisissais du couvain récent et de l'ancien suivant l'occasion ; quand il se trouvait des gâteaux garnis de miel, je les prenais de préférence ; puis quand les abeilles étaient un peu calmées, j'allais leur donner ces derniers cadres, car il importait qu'elles les eussent promptement pour que le couvain n'eût

pas le temps de se refroidir ; j'emploie cette expres-
sion , car on sait que le couvain a besoin de chaleur
pour éclore , et que dans ce but il est toujours couvert
soit d'abeilles, soit de bourdons. Quelques auteurs
pensent que le grand nombre de ces derniers n'a pas
d'autre destination. En effet, on ne s'explique pas
pourquoi il faut plusieurs milliers de bourdons dans
une ruche pour féconder la reine, une fois seulement !

Dans la première de mes ruches de Beauvoys, à
l'aide des regards que j'avais laissés aux portes , je
contemplais chaque jour ce que mes abeilles faisaient:
c'est un moyen bien agréable de les suivre , et
j'ajoute que la pratique de cette ruche va nous
initier de plus belle aux mœurs des abeilles ; je leur
ai déjà surpris bien des mouvemens curieux.

Chaque fois que j'ouvrais les regards vitrés , les
abeilles étaient affectées de la vive lumière du jour,
et plusieurs , croyant pouvoir sortir, s'élançaient ;
mais la masse des cirières ne bougeait pas : cette
classe d'abeilles a pour fonctions d'être toujours sur
les gâteaux. Quand ils sont nettoyés , elles gardent
le miel à ce qu'il paraît , et l'operculent en temps et
lieu : je n'ai pas pu les voir à l'œuvre, car le gâteau

latéral n'y était pas destiné. Pendant plusieurs jours, j'y vis du miel çà et là, puis ensuite il disparaissait. Au bout d'un certain temps, le gâteau en était rempli et j'admirais comment il tenait sans couler, mais pas d'opercules. Enfin bientôt je n'en vis pas une seule goutte ; j'en fus très-étonné : ce n'était donc qu'un entrepôt ; à quoi a-t-il servi ? les abeilles l'ont-elles transporté dans les gâteaux intérieurs ? Si cela est, elles perdent bien du temps. Leur premier soin après le transvasement a été de faire une ouverture dans le gâteau latéral pour communiquer avec l'intérieur, et j'ai eu occasion de voir les abeilles transformer des alvéoles d'ouvrières en alvéoles à bourdons ; qu'elles sont habiles ! elles se bornaient à les élargir, à les repétrir, sans reconstruire à neuf.

VERTIGES. — J'ai remarqué plusieurs fois des abeilles qui étaient saisies comme d'une sorte de vertige ; je les voyais courir brusquement et voltiger comme étourdies en heurtant les cirières qui ne s'en troublaient pas du tout ; puis à l'entrée de la ruche j'ai observé la même chose. Dans ce dernier cas, les abeilles se lançaient comme pour voler, mais en s'accrochant toujours sur la planche du

7

tablier. C'est en juin que j'ai vu ces mouvemens troubler les abeilles ; il s'en trouvait quatre ou cinq d'atteintes à la fois, sur le gâteau que j'avais sous les yeux. Quelquefois les abeilles se raidissaient pour subir les convulsions de leurs sœurs ou bien elles les touchaient des pattes et des antennes. Il me semblait que ces abeilles malades étaient des jeunes.

3ᵉ RUCHE OPÉRÉE.—M. de Beauvoys avait annoncé qu'il ferait des transvasemens en octobre, en *pansant beaucoup*. Il attendait pour cela que son rucher fût plus riche ; je me suis empressé de lui demander s'il avait tenté cet essai, car je voulais en faire part au public dans ces lettres ; il m'a répondu à la date du 24 octobre 1850 : « Le temps a été si ingrat, les ruches sont si mauvaises que je n'ai point fait de transvasement ; c'est d'ailleurs une époque toujours très-défavorable, et quand je le pratique c'est avec des gens qui veulent savoir comment s'y prendre en temps convenable et que je ne pourrais pas revoir. »

Ainsi voilà qui est bien constant, ce n'est qu'à titre d'exemple que l'on tentera les transvasemens en octobre. Plein de cette idée et voulant cependant essayer quelque chose, j'ai transvasé le 2 septembre

1850. La saison était belle et pas trop avancée : j'espérais réussir ; mais j'ai eu toutes les contrariétés possibles à essuyer.

J'employai l'appareil de M. Herbet ; mais je m'aperçus, quand j'eus posé ma ruche au-dessus, qu'un gâteau s'était détaché en tombant tout juste devant la porte où l'on introduit le chloroforme. Il n'y avait pas à reculer, il fallait marcher vite et couper le gâteau, car les abeilles sortaient en foule, malgré la fumée que je leur lançais, et celles qui sortaient ne pouvaient être recueillies dans le panier ; c'était autant de perdu. Puis l'appareil demandait quelques perfectionnemens dont le manque total m'a été bien contraire. A la fin, je me rendis maître de ma ruche et je vis les abeilles tomber en convulsions somnifères.

Beaucoup périrent, soit des ingestions trop fortes de vapeurs liquoreuses, soit par suite d'abstinence forcée. En effet, elles restèrent deux jours et deux nuits sans quitter le panier, et à la fin je fus obligé de les secouer de force dans la ruche nouvelle. Alors je reconnus le chiffre approximatif de la mortalité ; au fond de la ruche il s'en trouvait environ 200 mortes, par excès de chloroforme : pour être emmiellées,

au dépouillement de la ruche, après les gâteaux et
enfoncées à demi dans les alvéoles 100 ; autour du
vase à chloroforme 100 environ ; autant dans le vase
dont le couvercle s'était dérangé ; *avant*, *pendant*
et *après* l'opération 200 ; au fond du panier, mortes
de faim ou trop chloroformisées, 200. Total 900 ,
mais on peut bien en mettre 1,000. Certes, c'est là
une perte remarquable et qui a bien affaibli la ruche.
Il y avait très-peu de bourdons.

9ᵉ Lettre.

———

Il serait injuste de conclure de mon transvasement contre la pratique du chloroforme, on a vu combien d'avaries avaient précédé son application. Je vais maintenant rendre compte de la suite de cette curieuse opération : on conviendra, je le pense, que j'ai mis du dévoûment à tenter un pareil essai, et que j'en apporte encore en le racontant au public, qui sera convenablement en garde.

L'état de la ruche est important à constater, afin que chacun puisse en conclure au besoin. Elle était très-lourde, et tous les gâteaux, dans leur moitié supérieure, se trouvaient chargés de miel operculé et dans une cire *jaune* plus ou moins clair, quoique le reste des gâteaux fût noir. Il y avait modérément de couvain d'ouvrières et peu de celui de mâles; il existait trois ou quatre alvéoles royaux seulement, et vides, à mon grand chagrin.

Dès que la ruche fut en place, les abeilles se mirent aussitôt à l'ouvrage pour souder et nettoyer les gâteaux que j'avais fixés aux cadres; j'y avais placé des gâteaux operculés pleins de miel. Elles ont bien travaillé : elles ont construit quelques édifices nouveaux, en dedans des cadres du milieu. Pendant longtemps j'ai vu, sur le cadre de l'un des côtés, en face de mon ouverture grillée, quantité d'abeilles. Puis tout d'un coup, vers le milieu d'octobre, il ne s'y en trouvait pas une seule; je m'en alarmai à bon droit ! Enfin, le 2 novembre, par un temps doux et superbe, je vis ma ruche travailler avec empressement; le 3, je la trouvai dans un calme étonnant, quoique le temps fût le même. L'ayant soulevée, je n'aperçus, au-dedans, que deux ou trois pauvres abeilles; le soir, cependant, il en était rentré un cent environ. Mais qu'étaient devenues les autres? la reine les avait-elle emmenées encore une fois? Le 4, même temps; j'en ai profité pour enlever les cadres et tout visiter.

Je fus très-étonné, en déplaçant les cadres, de

trouver sur ceux du milieu une assez grande provision d'abeilles ; mais il était deux heures et le soleil luisait par le plus beau temps de printemps. Que faisaient donc ces paresseuses au lieu d'aller butiner ? il est vrai que la saison était très-avancée et que les fleurs avaient disparu, mais les abeilles tirent du miel de tant de choses !

Comment vont-elles passer l'hiver ? elles ont mangé au moins deux kilos de miel que je leur avais laissé. Elles qui sont si bonnes ménagères, n'ont guère conservé de provisions pour l'hiver. J'en ai aperçu un peu au sommet des gâteaux, c'est-à-dire, quelques trous isolés et operculés au fur et à mesure ; donc elles en trouvent peu. Elles ont très-peu construit d'édifices nouveaux et ils sont vides ; un peu de pollen se voit çà et là. Mais j'ai remarqué quelques alvéoles pleins de miel à moitié et achevés de remplir avec autre chose, puis un opercule en dessus. C'est la première fois que ce fait m'apparaît, je le trouve singulier ; ce n'est pas la place qui manquait pour cet entrepôt, car, à côté même, il y a des cellules vides.

Il n'y a pas d'alvéoles royaux ; quelques cellules de mâles ont été fabriquées à l'un des gâteaux, et

tout à fait *au haut* de la ruche. A quoi doivent-ils
servir ? ma pauvre ruche est sans reine, aussi pas
la moindre trace de ponte ou de couvain quelconque ! pas un seul bourdon non plus.

Je viens de monter, sur un cadre que j'avais ré-
servé un gâteau plein de miel, et j'ai glissé ce cadre
au milieu de la ruche. L'ayant vérifié quatre jours
après, j'ai été étonné de voir les abeilles rester obs-
tinément sur les cadres que j'enlevais ; je ne les ai
pas dérangées ; comment vont-elles s'en tirer sans
reine? Ce sera un fait curieux à noter si je les con-
duis ainsi jusqu'au printemps, époque où je leur
joindrai une autre ruche, ou bien du couvain de
moins de trois jours, pour qu'elles se fassent une
reine, suivant le bon procédé que la nature leur inspire. Une chose qui m'a affligé, c'est de trouver
beaucoup de propolis placée en pure perte : le liteau
supérieur des cadres qui ne touche pas le plafond
de la ruche en était garni ; il y en avait aussi sur les
côtés et jusque autour des petits tasseaux latéraux
qui empêchent les cadres de se toucher ; on eût dit
que les abeilles voulaient boucher jusqu'aux plus
petites fentes. Comme on le voit, cette propolis a été
récoltée de septembre à la fin d'octobre ; ce fait sera

expliqué dans mes dernières lettres. J'ai supprimé trois cadres à la ruche en rapprochant l'espace mobile; de la sorte, elles se garantiront mieux du froid, mais je les rentrerai l'hiver et les tiendrai couvertes.

10e Lettre.

*Inventions nouvelles. — Ethérisation. — Chloro-
forme. — Acide carbonique.*

———

Depuis peu de temps de nouveaux procédés, pour
opérer sans danger sur les ruches à récolter, ont été
mis au jour. Un amateur de Belgique essaya
un procédé assez simple pour introduire, dans la
ruche à dégraisser, de la vapeur d'éther, au moyen
de laquelle les abeilles tombaient endormies sur le
tablier. Je ne m'arrêterai pas à ce dernier procédé,
qui me paraît incomplet et qui peut se remplacer
par celui de M. Herbet. J'ai vu un apiculteur à qui
l'invention n'a pas réussi ; peut être s'y est-il mal
pris ; mais ayant manqué l'opération , les abeilles ne

se sont pas laissé faire et lui ont donné beaucoup
d'embarras ; cela se conçoit.

Pendant qu'un journal étranger (1) faisait l'annonce
de l'éthérisation encore douteuse, un bressan trouvait un moyen plus sûr, dont il se hâta de faire part
à la Société d'émulation de l'Ain, qui s'empressa de
publier, à ses frais, le mémoire de M. le docteur
Herbet, et de l'admettre au nombre de ses corres-
pondants.

Dans ce travail, M. Herbet décrit son appareil et
annonce qu'on peut le perfectionner ; en effet, la
pratique apprend bien des choses. Les personnes qui
auraient envie de connaître ce procédé ainsi que
l'appareil, pourront consulter le journal de l'Ain,
année 1848, auquel je renvoie mes lecteurs. Je me
bornerai à rendre compte de l'emploi que j'en ai
fait.

A l'aide de ce procédé commode, les abeilles tombent bien dans le récipient qui les attend, mais il
faut remarquer que souvent elles sont retenues par
le couvain de mâles, dont les opercules, très-sail-
lants en bosse, empêchent les abeilles de tomber à

(1) De la Belgique.

propos; il en résulte qu'elles meurent par suite d'une trop grande absorption de vapeur.

Un autre inconvénient, c'est que l'humidité produite par la vapeur condensée inonde presque la ruche et les gâteaux ; beaucoup d'abeilles qui ne tombent pas endormies en sont comme collées.

C'est le 6 juin que j'essayai cet appareil, M. Herbet voulut bien m'assister et me fit cadeau de tout son matériel, qu'il m'envoya de Pont-de-Vaux. L'ayant encore appliqué le 2 septembre, ainsi que je l'ai rappelé plus haut, je me suis aperçu des perfectionnements que ce procédé laissait à désirer. 1° Le panier doit être plus large, afin de fournir à la ruche une base plus solide, ou si on ne l'élargit pas, car sa contenance est assez grande, il faut lui donner plus de base à l'aide de quelques additions. 2° Il faut un tube mobile, sortant à l'extérieur, pour introduire le chloroforme dans le récipient. 3° Ce récipient, couvert en cône, doit être isolé de la caisse; en la touchant de deux côtés, les abeilles restent sur les deux bords ; elles périssent donc. 4° Il faut une seconde table affleurant l'ouverture de l'appareil, afin que si ces ruches sont pleines jusqu'au bord, on puisse les placer sans heurter les gâteaux sur les rebords saillants de l'entonnoir; il le faut surtout pour les ruches à cadres, où ils descendent bas; mais la ruche à cadres n'a pas besoin d'être chloroformisée; on la récolte à volonté. 5° Le bouton qui tient la porte vitrée sera gros pour être saisi par une main *gantée;* telles sont les quelques améliorations faciles à pratiquer dans l'appareil de M. Herbet; il l'a compris très-bien lui-même.

Un inconvénient de ce procédé, c'est l'extrême cherté du Chloroforme; on en use chaque fois pour 1 franc 25 centimes au moins. D'un autre côté, il faut du discernement dans l'opération, puis se donner un appareil coûteux; M. de Beauvoys l'a remplacé avec succès par le lycoperdon ou vesse-loup, dont la fumée endort très-bien les abeilles. Il place ce champignon (il a omis de me dire s'il était entier ou en poudre), sur des charbons ardents, dans l'enfumoir, en guise de guenilles, et son action, dit-il, est merveilleuse et immédiate; en un quart-d'heure ou vingt minutes au plus les abeilles reviennent à la vie; c'est assez pour dépouiller la ruche de quelques gâteaux; mais il faut néanmoins être leste. En remplaçant, dans l'appareil Herbet, le chloroforme par le lycoperdon, qui est à très-bon marché, on simplifie et facilite l'opération. Mais je rappelle ici qu'un grand défaut de ce procédé, c'est que les abeilles se groupent dans le panier en ressuscitant, et qu'elles ne veulent pas monter dans la ruche ; cela m'est arrivé deux fois, et j'ai vainement eu recours à une forte fumée pour les en chasser ; étaient-elles donc impressionnées encore par le chloroforme au point d'être presque insensibles à la fumée ? on serait tenté de le croire. Leur organisme a dû nécessairement être fort ébranlé, leur système nerveux trop éprouvé. Ces expressions pourraient surprendre quelques personnes qui sont loin peut'être d'admettre, chez les insectes, des vibrations nerveuses ! Que diraient-elles alors si je leur démontrais, avec les curieuses expériences de M. Félix Dujardin, que les abeilles ont un *cerveau ?* Ainsi, cet heureux naturaliste, dans sa communication faite à l'Académie des sciences, prouve que l'abeille doit son intelligence à la possession d'un cerveau, et que son système nerveux central représente la 940e partie du volume du corps, tandis que dans les hannetons c'est la 3,300e.

On remédiera à cet inconvénient en faisant le plancher, soit le dessus du panier, en deux parties, dont une mobile ; ce sera celle du milieu qui, reposant sur un liteau mince , règnera en dedans et sur le bord du panier ; on l'enlèvera après l'opération, et quand les abeilles seront en groupe, ou même avant si l'on veut, elles monteront ainsi mieux dans la ruche, dont l'odeur emmiellée les attirera ; puis on aura fortement fixé au cadre du panier le prolongement du *couvercle* ; cette partie immobile soutiendra la ruche après l'enlèvement de la partie du milieu.

M. de Beauvoys a essayé d'introduire de l'acide carbonique dans une cuve en zinc, assez grande pour contenir une ruche ; l'asphyxie a été immédiate ; les abeilles sont promptement revenues à la vie. Il plonge sa ruche quand l'acide dégagé remplit la cuve au trois quarts, puis à l'aide d'un canevas placé au fond , il enlève les abeilles. Ce moyen est peu coûteux, et si l'acide ne se mêlait promptement à l'atmosphère, la même cuve servirait à un rucher entier ; mais c'est tout un appareil, et il faut toujours aborder les ruches , par conséquent être affublé, alors pourquoi fatiguer inutilement les abeilles et exposer leur vie ou leur santé ? Dans tous les cas , la ruche nouvelle n'a pas besoin d'un auxiliaire ; il

n'est bon, ainsi que tous les autres, que pour les ruches anciennes. M. de Beauvoys se propose de conti-
nuer ses expériences et de voir combien de fois les
abeilles peuvent être asphyxiées sans qu'on nuise à
leur santé.

11ᵉ Lettre.

Procédés nouveaux ; suite. — Inconvénients des nouveaux procédés. — Celui de M. Herbet pour sécher les ruches.

———

Nous nous prononcerons dès ce jour sur le mérite ou les dangers des procédés récemment mis en œuvre pour aborder aisément une ruche pleine. Nous les examinerons par ordre d'ancienneté.

L'éthérisation, eût-elle produit les effets dont parle son inventeur belge, doit être rejetée sur-le-champ, car, outre qu'elle peut être dangereuse pour les abeilles, il est constant que l'éther communique au miel un goût très-désagréable et qui persiste long-temps ; ce fait m'est attesté par un amateur qui a

9

tenté de pratiquer l'éthérisation sans succès. Cependant sans l'odeur insupportable de l'éther qui force les abeilles à fuir, on pourrait se servir encore de ce moyen, mais pour transvaser entièrement et non pour le dégraissage, car il faut absolument que les abeilles sortent toutes de l'ancienne ruche éthérisée, autrement elles l'abandonnent le lendemain même. C'est ce qui est arrivé à un opérateur de ma connaissance; en cinq minutes les abeilles étaient endormies, mais il fallait secouer la ruche pour les faire tomber; la précaution est bonne, car sans cela les pauvres expérimentées sommeilleraient long-temps. A quoi bon transvaser avec les ruches anciennes? Ce mode n'est applicable que pour opérer selon M. de Beauvoys.

Le *chloroforme* est parfaitement applicable à l'asphyxie des abeilles; son odeur est suave et douce; et je ne me suis aperçu d'aucun goût extraordinaire communiqué au miel, ayant mangé les gâteaux d'une ruche chloroformisée. Mais le prix de cette liqueur est très-élevé; d'un autre côté, on est loin de bien connaître le point où il faut s'arrêter et la quantité juste qu'il faut administrer. Pour arriver à cette démonstration, qui doit être rigoureuse avant d'être admise en principe, il faudra opérer sur une ruche vitrée ; de la sorte seulement on sera assuré de s'arrêter à temps. On conviendra sans peine, je pense, qu'il faut pouvoir suivre *en dedans* l'opération, de même qu'on la suit *en dehors*. Mais le chloroforme me paraît appelé à quelque avenir dans le transvasement et le dégraissage des anciennes ruches.

L'*Acide carbonique* dans un vase de zinc, propre à recevoir une ruche, quoique efficace et peu dispendieux, puisqu'on le dégage soi-même à l'aide des procédés chimiques, ne sera pas mis en pratique pour asphyxier les abeilles, parce que, comme le dit M. de Beauvoys, qui le premier a fait cette expérience, *il faut tout un appareil.*

La *vesse-loup*, placée dans l'enfumoir, employé aussi par M. de Beauvoys, est ce qu'il y a de plus simple et de mieux jusqu'ici. En effet, l'opérateur n'a qu'à soulever la ruche sur des cales et à enfumer à propos. Néanmoins il faut être habile et ne pas perdre de temps, car les abeilles reviennent à la vie en un quart d'heure ; pour mon compte, j'aimerais à les tenir captives ; le panier de l'appareil Herbet remplit bien cet objet, mais je l'ai dit plus haut, elles s'obtinent à y rester en groupes épais, comme autant d'essaims fixés à une branche. Il n'y a plus qu'à trouver un moyen pour les chasser du panier ; quand on l'aura, l'enfumoir chargé de vesse-loup apportera au procédé de l'asphyxie tout ce qu'on peut désirer.

Ce mode d'opération sera nul pour les ruches perfectionnées ; leur emploi sera long à s'implanter dans notre contrée, et d'autant plus que quelques apiculteurs distingués s'obstinent à voir le progrès suffisant dans les transvasements à l'ancien genre, dans l'adoption de la ruche villageoise conique, en paille, avec addition de capot. Tout cela est très-bien pour la campagne, mais les amateurs instruits doivent faire plus, ce me semble ; leur but doit être de manier à volonté leurs ruches, et celle à cadre offre seule cet avantage. Réussira-t-elle chez nous ? Pour le savoir il faut l'essayer ; ne rejetons pas la lumière. M. de Beauvoys a vu fonctionner plus de six mille ruches placées par ses soins dans ses environs ; certes, c'est bien là quelque chose !

J'insiste d'autant plus sur ce point, qu'ici je ne prêche pas pour populariser les procédés dangereux, tels que ceux pratiqués pour l'asphyxie ; plusieurs amateurs avec qui j'ai conféré de ces découvertes,

ont raison de s'en abstenir jusqu'à nouvel ordre.
J'ai été plus loin et j'ai sacrifié cinq bonnes ruches
pour mes expériences; ces faibles essais seront-ils
appréciés par le but que j'ai voulu atteindre? Il me
semble que les timides et les incertains ne seront
pas fâchés qu'*un autre* ait opéré pour eux! J'offre
donc aux apiculteurs de l'Ain le sacrifice que j'ai dû
faire.

On emploie très-souvent la fumée de bouse de
vache sèche ou de vieux chiffons pour dominer les
abeilles quand on veut opérer sur elles; ce procédé
est inoffensif; cependant comme les abeilles redoutent extrêmement ce topique, on doit croire que sa trop
longue insufflation les rend maladives; d'un autre
côté, les amateurs de miel fin soutiennent que
cette liqueur précieuse contracte un goût désagréa-
ble par suite de la fumée; il serait donc bien de s'en
abstenir. Mais pour livrer son miel au commerce on
n'y regarde pas de si près; quant au miel fin, en
le récoltant dans les capots, on n'a pas besoin de
l'aide d'une fumée nauséabonde.

Ce qu'il me reste de plus fort à dire contre l'asphyxie pratiquée sur les abeilles, c'est que le couvain
peut en être fort affecté et périr en partie; s'est-on

assuré du contraire ? c'eût été assez impossible. Tout porte à croire cependant qu'il doit se ressentir des émanations du chloroforme ou de la fumée de lyco-perdon, lesquelles sont infiniment pénétrantes. Dira-t-on que les opercules garantissent le couvain, c'est possible ; mais on sait bien qu'il y en a de tout âge, et que souvent il n'est pas operculé; de jeunes abeilles en cellules ordinaires ou royales peuvent être près d'en sortir; dans ce cas elles ont rongé les opercules en tout ou en partie; elles sont donc sûres de périr, car elles sont plus faibles que les ouvrières et ne peuvent tomber à temps, elles absorbent trop de gaz délétères.

Hélas! je suis forcé d'ajouter quelque chose de plus grave, c'est que la reine est exposée à périr, car elle se cramponne aux gâteaux; que ses abeilles lui font un rempart de leur corps et l'empêchent de tomber ; que si elle tombe, ses ailes sont courtes et ne la retiennent pas dans sa chute comme les autres qui sont plus légères et qui, presque toujours, s'a-gitent long-temps à terre à l'aide de leurs bonnes ailes. Si tout cela n'est pas clair, je dirai que dans trois de mes opérations mes reines ont péri et mes ruches ensuite, comme on sait que cela arrive.

M. Herbet m'a fait part, au printemps de 1850, d'une nouvelle opération de sa part, pour sécher facilement les ruches surchargées d'humidité. On sait en effet, qu'en hiver, la ruche se remplit de vapeurs produites par le calorique des abeilles, lequel se condense promptement au moindre réfroidissement atmosphérique; je les ai vues se produire, même en été par une matinée fraîche, dans une de mes ruches, fermée sur le côté par des demi-vitres. M. Hesbet n'avait pas encore pu suffisamment essayer ce nouveau procédé.

12e Lettre.

Qualités du miel. — Le nouveau. — Le vieux. —
Celui des divers pays renommés. — Goûts arti-
ficiels.

—

Quand on parle de miel, chacun se récrie sur sa
blancheur, et il semble que là soit tout son mérite.
Mais très-peu de localités jouissent du privilége de
produire du miel blanc. Narbonne a toujours été en
réputation pour cela, puis on cite Chamouny ensuite ; en effet ces miels sont blancs et parfaits. J'ai
déjà eu l'occasion de faire connaitre celui de Prétin,
près Salins, qui ne le cède en rien à ces deux localités privilégiées.

Un excellent procédé pour avoir du miel aussi fin

que le lieu que l'on habite le permet, c'est de placer des capots sur les ruches. Les abeilles se précipitent dans ce nouvel espace et quinze jours leur suffisent souvent pour le remplir, si la saison est favorable. Rien n'est beau à voir comme ces frais gâteaux; ceux de tous les pays se ressemblent à cet instant; mais quand le miel est coulé, c'est alors qu'on peut le juger définitivement et reconnaître la supériorité des uns sur les autres. Le miel le plus beau reste blanc en se figeant, il est très-ferme et devient grenu; il se conserve très-bien un an en cet état, si on le tient au frais.

Mais la couleur n'est pas tout dans le miel, il lui faut encore le goût, et certains miels fins ne sont pas toujours distingués par là. Le bon miel est sucré, parfumé, sans goût de cire, cependant il sent toujours l'abeille, c'est son odeur naturelle. Ce dernier goût s'exalte dans le miel des vieux gâteaux, ou quand il a séjourné un peu de temps dans la ruche, on le réserve pour le commerce; mis en pots, il est jaune foncé. Ce même miel, conservé dans les gâteaux, reste liquéfié; il est très-mangeable encore et j'ai connu des amateurs qui le recherchaient précisément à cause de son goût prononcé. Il y a peu de

10

personnes qui usent du miel de capots; celui de
gâteaux pris en ruches est plus facile à rencontrer
il n'est pas étonnant qu'on en use, et je ne crains pas
de dire, pour mon compte, que lorsque la cire de
ces gâteaux est blanche encore et qu'il n'y a pas de
pollen mêlé au miel, je le trouve très-bon, et il
m'excite davantage que le miel le plus fin, dont
cependant j'apprécie très-bien le mérite éminent.

Il ne suffit pas de tirer le miel d'un capot pour
l'avoir blanc surtout, ou tout au moins pour l'obtenir d'un goût parfait. J'ai mangé du miel provenant de capot, fait à Nantua, je l'ai trouvé d'une fa-
deur extrême et lui aurais préféré bien des miels de
ruches; puis ce miel était gris; quelles plantes l'a-
vaient fourni? voilà le mystère; c'est là un des
secrets de la nature. Les abeilles en feraient
partout du délicieux si elles savouraient les mêmes
plantes. Je place donc le goût du miel avant la blancheur, en reconnaissant pourtant que les miels blancs
de Narbonne, Chamouny et Prétin sont les meilleurs; j'estimerais beaucoup également un miel
moins beau s'il était succulent. Je suis persuadé
que ce miel de Nantua que j'ai goûté en pots devait
être parfait en gâteaux; le miel nouveau est toujours

bon en cet état, sauf un peu plus ou un peu moins de qualité.

J'ai dit que je plaçais le goût avant l'éclat, cela me paraît fondé ; en effet, on cite des miels rouges, des miels un peu jaunes, des miels verts même, comme ayant un très-bon goût ; j'en ai mangé de gris, approchant plus ou moins de la blancheur, et je ne les ai pas trouvés bons ; donc la couleur n'est pas tout.

On a pensé que le miel blanc ne s'obtenait qu'à une certaine altitude : Chamouny est sur un point élevé, Prétin est un peu au-dessous de Salins, placé par lui-même dans une gorge profonde ; je n'ai pas comparé leur altitude respective, mais Prétin est une localité en plaine, au sommet d'un mont peu élevé ; maintenant le miel est-il blanc à raison de l'altitude, ou bien parce qu'à telle hauteur les abeilles y trouvent un assemblage de certaines plantes favorites ? voilà ce qu'il faudrait établir, et jusqu'à présent je n'ai que du doute sur ce point, je ne me hasarderai pas à trancher la question.

Le père Dugast m'a rapporté avoir une fois récolté à Revonnas du miel blanc comme celui de Narbonne, en capot ; il était délicieux. C'est là un

fait rare, car Revonnas est au bas du Revermont,
moins élevé lui-même que Nantua. Ce vieux praticien disait qu'on ne pouvait pas espérer du miel
blanc en plaine; dans cette région nos abeilles ne
trouvent que des navettes, des colzas ou du blé
noir.

Quant au parfum qui distingue ces miels fins, il
vient évidemment de bonnes plantes que les abeilles
recherchent ou peuvent rencontrer. Je me suis en-
quis de ce que les abeilles de Prétin pouvaient butiner. Ce miel si bon que l'on récolte en capots au
printemps, vient des plantes de cette saison, fournies
par la plaine élevée qu'elles visitent; mais comme
avec sa blancheur ce miel est encore aromatisé
très agréablement, il a fallu chercher s'il n'y avait
pas à cela une cause connue. On a constaté qu'à
une lieue et demie il y avait une riche collection d'o-
rangers qui sont couverts d'abeilles. Cette distance
est assez forte cependant, mais elle n'est rien pour
les abeilles quand elles ont découvert un pâturage
qui leur convient beaucoup.

Salins est un pays de vignoble, et au mois de
juin les abeilles peuvent largement recueillir l'am-
broisie du réséda qu'exhalent les fleurs de la vigne.

C'est au printemps que ce miel de Prétin est le meilleur; il est plus liquide et coule mieux; celui d'automne est plus gras, plus épais, quoique blanc et très-bon. Les gens du pays préfèrent dès-lors celui de printemps. Pour l'expédier dans le capot même, on attend un mois ou deux pour que la cire se raffermisse et contienne mieux le miel, qui coulerait sans cela par les secousses du transport.

On aromatise aisément un miel et cela de la façon la plus innocente, il suffit de le faire couler sur un lit de roses, de fleurs d'oranger, d'œillets, pour lui communiquer aussitôt les divers parfums de ces fleurs. En l'achetant en pots on peut en avoir de parfumé ainsi artificiellement; c'est là un fait innocent. Mais pour apprécier ses qualités natives, c'est en gâteaux qu'il faut l'avoir; celui que je reçois de Prétin, tous les ans, m'arrive 'en capot; il a un parfum exquis et blanc comme du lait.

Mais il n'est pas toujours de la même blancheur, quoique provenant du même lieu et des mêmes abeilles; à quoi cela tient-il? je l'ignore. Cela prouve déjà que l'altitude ne suffit pas pour avoir du miel blanc. Pourquoi cela ne viendrait-il pas des plantes; bien que ce soit dans le même lieu que les abeilles butinent, il faut reconnaître qu'il y a telle année où une espèce de plante fleurira plus tard ou en moindre qnantité ; dès lors le miel récolté à la même époque sera un peu différent.

13e Lettre.

Observations nouvelles, faites sur les abeilles. —
M. de Beauvoys; ses remarques. — Autres par
divers praticiens.

———————

Chaque année on découvre quelque chose d'inté-
ressant sur les mœurs des abeilles ; le champ est
tellement vaste et les moyens de tout voir si bornés
que, malgré les innombrables ouvrages écrits sur
ces insectes admirables, il reste encore beaucoup à
découvrir. Ce qui le prouve ce sont les nouveaux
faits que l'on signale chaque jour et comme à l'envi.
La ruche perfectionnée prête beaucoup à l'étude
des mœurs des abeilles, et je ne doute pas que les
personnes jalouses de les observer de près ne se hâ-

tent de l'adopter. Sous ce rapport, M. de Beauvoys
aura encore rendu service à la science, aussi arrive-
t-il, dès l'abord, avec une certaine masse d'observations nouvelles, j'en ai pour preuve son *Guide de*
l'Apiculteur qui, sous un format modeste, ren-
ferme des faits nouveaux sur la vie et l'instinct des
abeilles ; je ne veux point les relater ici, les personnes curieuses de les connaître iront chercher son
livre, indispensable au maniement de la ruche perfectionnée.

Chant de la reine. — Plusieurs apiculteurs mo-
dernes parlent du chant de la reine des abeilles et
prétendent l'avoir entendu, imitant le cri de la
cigale. Quand un essaim est près de sortir, ce cri opère
sur toute la population un calme parfait, et chacun attend dans le silence le signal du branle-bas
qui va s'ensuivre ; si le fait était très-constant, rien
ne serait plus beau à voir ; je ne le mets pas en doute
cependant, M. Ciria assure avoir entendu le cri
d'une reine nouvelle ; M. de Beauvoys annonce
aussi que la veille de l'essaimage la reine entonne
son chant, mais peu ont été assez heureux pour
l'entendre ; cependant M. de Frarière affirme, de la

manière la plus certaine, que la reine au moment de sortir de la ruche jette un cri auquel répondraient encore deux de celles qui sont renfermées dans leur alvéole ; Hubert avait déjà signalé ce fait, ainsi que le remarque M. de Beauvoys.

Fleurs en tête. — Depuis la publication de son *Guide de l'apiculteur*, M. de Beauvoys a constaté que les abeilles revenaient quelquefois chargées de fleurs en tête ; il a reconnu avec M. Duméril que ce sont les étamines entières, filet et anthères, que les abeilles détachent de la fleur des orchidées et qui restent adhérentes aux poils qui recouvrent leur tête entre les antennes. Quelques auteurs jusque-là pensaient que ces *fleurs* étaient un cryptogame, mais il n'y a plus à douter aujourd'hui. M. l'abbé Lapoutre est le premier, dit M. de Beauvoys, et le seul qui ait donné une bonne description de ces *fleurs*, que d'autres insectes rapportent aussi à ce qu'il paraît. Je n'ai remarqué encore cette circonstance, très-curieuse assurément, qu'une fois, mais j'ai souvent vu mes abeilles toutes couvertes d'une poussière jaune-clair. J'aurais donné bien cher pour être témoin de la façon dont elles s'en dé-

11

pouillent ; j'ai souvent pour cela ouvert la portière pour examiner si le dépôt s'en faisait dans mes gâteaux latéraux, mais point ! Je suis bien persuadé que les cirières débarrassent les abeilles ainsi chargées ; si elles ont la conscience de ce qu'elles font, comme ces butineuses zélées doivent être fières en rentrant au logis !...

Propolis.—On paraît jusqu'à ce jour assez d'accord pour admettre que les abeilles récoltent toute l'année de la *propolis* ; cependant comme on croit qu'elles puisent ce gluten sur les bourgeons des arbres, on serait tenté d'admettre que le printemps est plus favorable pour en recueillir. Mais l'observation démontre qu'en septembre, et même plus tard, les abeilles en fabriquent ; j'ai vérifié qu'au commencement de septembre, les miennes, ont soudé des gâteaux ; leur ayant donné même un gâteau plein le six novembre, par de beaux jours, elles l'ont soudé aussitôt.

Les arbres résineux, les bourgeons des peupliers, contiennent toute l'année de la résine ; sur la recommandation de M. de Bauvoys, je l'ai vérifié ; ainsi j'en ai trouvé sur le sorbier, sur le peuplier de la

Caroline, sur celui du lac Ontario qui en a beaucoup.
Dans le voisinage de ma ruche à la campagne, j'avais
beaucoup de jeunes peupliers, des sorbiers, de jeunes
sapins, j'ai souvent fixé mes regards sur eux en septembre, sans apercevoir une seule abeille voltiger à
l'entour. Mais le fait de la récolte de la propolis sur les
arbres n'est pas assez établi ; car, s'il y en avait
toute l'année, les abeilles souderaient leurs gâteaux
toute l'année aussi ; M. de Beauvoys a constaté que
des cadres de ruches, transvasées au printemps,
n'ont commencé à être soudés qu'à la fin de l'été.

Quelques apiculteurs pensent à cet égard que
certaines plantes doivent fournir aux abeilles cet
enduit résineux. Que peut-on leur objecter ? Certainement les abeilles peuvent aussi bien produire la
propolis que la cire, et nous ne voyons pas où elles
prennent cette dernière substance. Nous croyons savoir qu'elles les tirent des anneaux de leur corps par
exsudation, voilà tout ! Pourquoi n'en feraient-elles
pas autant de la *propolis*, toutefois avec d'autres
mélanges ? On croit que le pissenlit contient de cette
matière, c'est possible, son suc laiteux doit devenir
visqueux en s'épaississant ; à ce compte que de plantes peuvent en produire aux abeilles ! il n'y a pas
nécessité de recourir aux bourgeons des arbres.

Mais | les abeilles soudent-elles toujours leurs gâteaux avec de la *propolis*? Si l'on dit oui, je ferai remarquer que j'en ai vu de soudés, et faits nouvellement, avec de la cire pétrie, les abeilles n'ayant pu sortir pendant deux jours consécutifs pour en aller chercher. En effet, à la suite d'une asphyxie, les abeilles ne sortent pas du panier pendant ce temps, et quand je les en tirai par force, il y avait, à la place du groupe, des fondations commencées et quelques cellules faites; la couleur de la matière était blanche.

Si on me dit non, il faudra reconnaître qu'il y a une autre substance que la *propolis* des gâteaux; car celle que j'ai remarquée sur le bord des cadres, dans les divers interstices, était jaune-rougeâtre et plus visqueuse: elle a été récoltée de plus à la fin d'octobre.

Il peut encore arriver que les abeilles veuillent ne pas souder tous leurs gâteaux, quoique le pouvant faire. Cela m'est arrivé à une époque où elles en ont soudé pourtant; quand elles jugent qu'un édifice leur est inutile, elles le délaissent très-bien et portent leur attention ailleurs.

Y a-t-il des bourgeons aux arbres dans le temps des essaims? les auteurs l'affirment, et certes le fait est vrai; j'ai vérifié que le marronnier, les peupliers, le noir, *surtout*, les sorbiers en ont; ceux qui se développent au printemps conservent quelque temps les rudiments visqueux qui les recouvraient; après la sève d'été, ils se forment de nouveau et durent jusqu'à un printemps futur; comme on le voit, les abeilles peuvent en cueillir souvent là, si c'est là qu'elles en prennent.

Un fait que j'ai vu cette année, au 21 octobre, c'est celui d'abeilles se posant sur un jeune noyer, non sur les bourgeons, mais sur les feuilles du sommet; y prenaient-elles du gluten? je ne sais, mais cette manœuvre s'est répétée; et le noyer est aromatique aussi un peu. M. de Beauvoys s'applique à rechercher quelles sont les plantes qui fourniraient la *propolis* aux abeilles.

C'est au commencement de septembre que les abeilles se mettent à charrier des pelottes de *propolis*, rondes, lisses, brillantes, dont les cirières les débarrassent; pour les provoquer à la recherche de cette substance, et pour être témoin du manège, on laisse entr'ouverte, dit M. de Beauvoys (1), une des portes de la ruche, on aperçoit alors les cirières qui débarrassent les butineuses avec leurs mandibules.

(1) *Lettre* du 2 septembre 1850. '

14e Lettre.

Aversions des abeilles. — Personnes privilégiées pour les approcher. — Observations récentes faites par moi.

—

—On m'a assuré que les abeilles redoutent certaines odeurs ; il n'est point étonnant qu'étant douées d'un organe aussi sensible elles soient impressionnées désagréablement par diverses émanations.

Elles craignent l'ail, l'oignon, le poireau, qui semblent leur nuire. Elles sont encore très-contrariées quand on leur souffle dessus, et quelques praticiens de notre pays conseillent d'éviter même de parler pendant qu'on tente de les opérer. J'ai pourtant vu un amateur qui prenait, sous un capot, de

la cire à la main , en secouant les abeilles ; il sifflait
à demi comme pour les calmer. Quelqu'un a écrit
que le chou était une plante contraire pour elles , et
qu'on en a trouvé de mortes , chargées de butin ,
au pied des choux. Ce fait est-il bien constaté ?
Ce n'est pas seulement sur les choux qu'il en meurt
en route chargées de provisions , mais c'est sur toutes les plantes. C'est incroyable la quantité qu'il s'en
perd , victimes d'ennemis nombreux ou lassées par
une trop longue course , faite quelquefois après des
jours d'abstinence. Les abeilles sont souvent enivrées
par les parfums qu'elles ont respiré ; j'en ai observé
plusieurs fois dans mon jardin , sur les longs épis
bleus de la *Véronique,* que je ne pouvais en faire
partir, et pourtant le soir approchait , la fraîcheur
de la nuit allait les surprendre. Si je les eusse trou-
vées mortes le lendemain matin , j'aurais donc pu
dire que cette plante qu'elles chérissent leur était
mortelle.

Les odeurs aromatiques sont très-recherchées par
les abeilles ; on a pu remarquer qu'elles ne se posent
pas sur les fleurs odorantes comme la rose , le pois
musqué, etc., le suave réséda est pourtant fêté par
elles.

— On prétend aussi que ces diligentes ouvrières savent apprécier tel ou tel apiculteur, tandis qu'elles ne pourront jamais supporter tel autre, et à ce sujet, M. de Beauvoys cite plusieurs individus *d'un gros brun, à cheveux noirs et plats,* qui prenaient les abeilles par poignées dans un sac pour les précipiter dans la ruche ; ils se retroussaient même les manches jusqu'aux coudes. J'ignore si ceux de nos amateurs, qui ne craignent pas les abeilles, voudront se reconnaître à cette rustique peinture ; ce que je sais c'est qu'un apiculteur, mon voisin, était plutôt rouge que brun, et jamais il n'a pris ni gants ni masque pour remuer ses abeilles. S'il était piqué, il n'enflait pas ; il était si hardi et si dur, qu'un jour, apportant une ruche pleine, monté sur un cheval vif, il ne l'a lâcha pas quoique les abeilles qui sortaient en bourdonnant fissent faire au cheval des écarts et des sauts énormes, et quoiqu'il fût lui-même piqué aux mains et à la figure. C'est bien là l'exemple le plus étonnant que je connaisse de sang-froid et de persévérante fermeté.

Elles ont toutes les fumées en horreur ; l'odeur du tabac les contient très-bien ; j'ai cependant reconnu une fois que quelque fumée que je fisse pour les mettre à l'état de bruissement, elles s'agitaient sans se soumettre; plusieurs se jetaient sur moi et même sur le chiffon en fumée et incandescent. Ces abeilles avaient été chloroformisées et transvasées; ce sont celles qui se gardaient si bien depuis lors.

Les mouvements brusques leur sont très-suspects; que l'on se garde bien d'en faire près d'elles. J'ai plusieurs fois été piqué sans en faire le moins possible; il y a d'autres causes à assigner à ces brusque attaques.

Il paraît que les odeurs que nous exhalons sont plus ou moins nuisibles pour les abeilles; ceux qui transpirent beaucoup ou qui n'ont pas une grande propreté sur eux feront bien d'éviter d'approcher trop des ruches; ensuite il faut bien reconnaître qu'il y a des exceptions en cela comme en toute chose; en effet, à la veille de l'essaimage, par la chaleur de midi, à l'approche des orages, après les dérangements des abeilles, tout le monde peut être piqué.

— L'odeur du miel les met aussitôt en mouvement et les rend dangereuses: un jour, à midi, par un épais brouillard de la Saint-Martin, je donnai du

12

miel à mes abeilles qui paraissaient engourdies ; je
plaçai l'assiette sous la ruche, aussitôt elles s'éveil-
lèrent et plusieurs en bourdonnant voltigeaient au
dehors ; au dedans le spectacle était curieux : mes
commères descendaient en faisant une longue et
épaisse chaîne. M. de Beauvoys nous conseille de
panser en mettant le miel dans les gâteaux, parce
que le froid, en hiver, s'oppose à ce qu'elles aient la
force de descendre ; je suis persuadé qu'elles peuvent le faire à l'aide de leur chaîne et que le seul
inconvénient serait de panser en dehors de la ruche.

J'ai vu qu'il n'était pas prudent de trop observer
mes abeilles pendant qu'elles butinaient, et n'ayant
pas mon affubloir, je me retirai.

— *Ruches en sapin.* — Il est reconnu que les abeilles
se plaisent dans une ruche à bonne odeur, aussi
celles en sapin sont-elles conseillées ; et par la même
raison doit-on, autant que possible, songer à frotter
avec des plantes balsamiques une ruche qu'on leur
destine.

On doit éviter avec soin de placer des essaims dans
les ruches où on en a fait périr.

On a pensé que le sapin, par son odeur résineuse, éloignait les teignes; hélas! c'est une erreur comme on en voit tant d'autres. J'ai eu une ruche en sapin neuf ruinée en peu de temps par les teignes; puis un cultivateur m'a montré, au 1er novembre, une ruche en vieux pin, toute rongée de teignes; je n'ai jamais tant vu de débris, de toiles, de fientes et de chrysalides de ces terribles lépidoptères.

— J'ai trouvé, le 9 novembre 1850, un papillon-teigne près de l'entrée d'une ruche; par bonheur il était mort; c'était une femelle, je lui vis encore quelques œufs prêts à sortir. J'aurais donné cher pour savoir si ce sont les abeilles qui l'ont tué, mais j'en doute fort; on sait qu'il est hardi au point d'entrer dans la ruche. On ne comprend pas comment les abeilles avec leur dard si redoutable ne se précipitent pas en masse sur cet ennemi qui n'a rien qu'un corps mou pour se défendre; elles ne le font pas; elles souffrent même que la chenille se promène sur le tablier, j'en ai vu plusieurs. Les fourmis entrent et sortent librement de la ruche; les guêpes, voleuses effrontées, s'y précipitent aussi, jamais les abeilles ne leur disent rien! La guêpe a le corps très-dur à la vérité, mais si un certain nombre d'abeilles

savaient lui sauter dessus, de même qu'elles le peuvent , elles en viendraient bien à bout. J'ai admiré
leur retenue à ce sujet : une guêpe mangeait avec
elles du miel que je venais de leur donner, les
abeilles ne disaient rien, et cependant elles pourchassaient diverses variétés de grosses mouches qui
faisaient la curée ; ayant tué la guêpe qui bougeait
encore, les abeilles avaient l'air de la heurter ou de
la reconnaître, et n'y touchaient pas davantage. Si
l'une d'elles pend aux toiles d'une araignée dont les
tendues obstruent la ruche , personne ne vient à son
secours ! Que les fourmis sont différentes et combien
l'assistance qu'elles se donnent est belle ! (1) Quand
les guêpes s'approchent d'une ruche il faut se hâter
de pendre à côté une fiole au long cou , remplie
à moitié d'eau sucrée ou miellée , elles s'y prendront
toutes.

(1) Voir mes Essais d'histoire naturelle , tome II.

15e Lettre.

Observations nouvelles ; — suite.

———

— Les abeilles sont enivrées quand elles reviennent des champs; elles mettent tant de précipitation pour rentrer à la ruche, qu'un grand nombre font la culbute sur le tablier; c'est une chose agréable à voir. Elles s'occupent bien peu de l'observateur ; puis les sentinelles qui rôdent à la porte leur disent bonjour à leur manière et les reconnaissent; une chose étonnante, c'est que sur une population aussi considérable chacun se connaît. On a dit qu'elles donnaient l'hospitalité aux abeilles faibles des autres ruches; ce fait est bien beau, mais il demande plus d'examen. Ce qu'il y a de certain, c'est l'assistance que ces bonnes ouvrières se donnent mutuellement ; les jeunes surtout sont l'objet de beaucoup d'attention. Que de fois j'ai vu les anciennes accabler de prévenances et de frottements de trompe les jeunes abeilles ; elles leur font la toilette avec autorité, les forçant à la subir ; elles leur montent complètement dessus pour mieux les retenir et les peigner ; celles-ci, à la fin, paraissent enchantées d'être délivrées de tant d'obséquiosités. Un jour, je vis une malade couchée sur le côté et dont l'abdomen était replié en dessous sans pouvoir s'allonger, ses camarades la frictionnaient avec la trompe, cherchaient à la mettre sur pied, mais vainement, la pauvre paralytique a succombé.

— Les bourdons sont également très-choyés par les abeilles ; mais à certaines époques, c'est-à-dire tant qu'on a besoin d'eux ; mais ce besoin n'est pas apprécié par les abeilles aussi bien qu'on le pourrait croire. J'en ai vu qui les poursuivaient à outrance après un transvasement, comme si, dans les conditions nouvelles de détresse où est la ruche, on devait évacuer les bouches inutiles ; la place en effet est appauvrie ; mais aussi dans ce même instant, j'ai vu des abeilles avoir des attentions pour quelques mâles ; ce fait m'a frappé , car si le signal du massacre général était compris par leur instinct naturel , pourquoi y avait-il des exceptions ? Il n'y a rien qui se communique aussi vite dans une société très-amie que le cas où elle se trouve de prendre une mesure qui intéresse le salut commun.

— Dans les divers transvasements que j'ai opérés , j'ai remarqué que les abeilles se hâtaient d'apporter du miel dans les gâteaux , dans ceux qui sont contre les portes , du côté où il y a le plus de gâteaux, car je ne remplissais pas mes cadres et j'en gardais de vides par derrière , mais pour les placer plus tard avec du miel s'il en était besoin ; à mon grand étonnement , le miel disparaissait au moment où les alvéoles étaient pleins et où je m'attendais à les voir operculer. Ainsi en septembre même chose est arrivée après un transvasement récent. Je m'applaudissais de voir mes ouvrières amasser des provisions pour l'hiver. Les ont-elles mangées ? oui , car je n'en ai point trouvé à l'intérieur, un mois après. Cela est triste à constater, et les transvasements ne pourront se faire ; on reconnaîtra aussi qu'à cette époque les abeilles, dans certaines années, ne font plus de miel. Deux jours après un transvasement , je vis du miel dans mon gâteau latéral, puis, trois jours après, il avait disparu; cependant les cirières n'y touchaient pas; puis, trois jours encore après, il s'y trouvait plus de miel qu'avant; il était épars et placé sans régularité. Que font donc les cirières pendant un mois entier, sur un gâteau vide de tout! attendent-elles la ponte qui ne vient pas? leur genre d'occupation est donc bien tranché; elles [ne vont pas à la provision à tour de rôle! C'est bien ainsi qu'on l'a constaté déjà.

—En septembre, dans notre pays, nous avons la fleur de blé noir; en octobre aussi, les abeilles y puisent largement; mais dans les premiers jours de septembre c'est sur la bruyère qu'elles se ruent avec ardeur; si c'est du miel qu'elles récoltent dans ces fleurs si minimes, quelle patience il leur faut pour en recueillir une gorgée!

—En soulevant une ruche, je vis deux abeilles prises par le derrière et couchées sur le côté presque sans vie; le dard de l'une d'elles était enfoncé sous le deuxième anneau de l'abdomen de l'autre; il fallut un effort pour l'en arracher; elles ont peu vécu.

Placées au soleil, ces abeilles se ranimèrent un peu; l'une avait la trompe toute tirée, ce qui paraît un signe de mort; l'autre, après l'avoir retirée et sortie plusieurs fois, la laissa pendre à son tour. Ces abeilles étaient de la même espèce, leur couleur annonçait un âge égal. L'une a-t-elle attaqué l'autre par rivalité ou comme intruse? Pourquoi donc a succombé celle qui a piqué l'autre? Est-ce parce qu'elle n'a pu retirer son dard et qu'elle n'a ains succombé, comme sa sœur, que par suite de longs et vains efforts, et d'une forte abstinence? c'est très probable, mais aussi pourquoi les abeilles qui piquent sont-elles exposées à périr? cela est bon quand le dard reste dans la plaie; mais la nature qui le donna comme moyen de défense à l'abeille contre les insectes entr'autres, ne la destinait pas à le perdre en frappant ses semblables!

— Quand on voit la ruche de Beauvoys avec des ouvertures des quatre côtés, chacun se récrie; il est vrai que dans plusieurs circonstances il importe que les ruches soient mieux défendues des invasions.... Mais quand la population est abondante et qu'elle est excitée au travail, c'est merveille de voir comme chaque abeille est contente de sortir du côté qui lui plaît! Il m'est arrivé plusieurs fois après des transvasements de les satisfaire sur ce point, car en rentrant elles se battaient aux portes fermées et perdaient du temps à chercher l'ouverture de devant ; puis, quand la ruche est florissante, ces entrées nombreuses sont importantes dans les jours d'orage, car les abeilles rentrent alors en foule, échappent au danger et ne se heurtent pas aux entrées trop encombrées, quand on les restreint.

— Quoique la nuit soit fraîche, on voit quelquefois les abeilles se tenir en partie au dehors, sur le tablier, autour de la ruche, au-dessus des entrées. On peut penser qu'alors la ruche est pleine, qu'on y étouffe, et que c'est pour cela qu'une partie de la population prend l'air. Cependant, ayant vérifié la chose, je me suis convaincu que la ruche n'était pleine que de cire. Cela annoncerait-il un changement de temps ? Une ruche voisine, très-pleine, n'offrait pas le même phénomène. Ce qu'il y a de certain, c'est que le lendemain de mon observation, à 5 heures du matin, le temps s'était couvert et dénotait un changement. Il est à propos de soulever les ruches sur des cales quand on voit les abeilles faire la barbe et se répandre le soir sur les parois ; en temps de touffeurs cela arrive, mais pour les re-

mettre en place , il faut les enfumer un peu pour
n'en point écraser.

— Souvent les abeilles ventilent aux portes ; c'est
pendant les temps chauds ; elles le font aussi sur les
gâteaux pour les rafraichir. Rien n'est curieux à voir
comme le sérieux et la persévérance qu'elles y mettent.
C'est bien par instinct et presque sans profit ; car
comment aussi peu d'air fabriqué à l'entrée peut-il
agir au-dedans ? Elles tournent le dos en dehors et
ventilent sans se déranger ; elles sont cependant
placées à rebours , et celles qui entrent heurtent leurs
ailes du mauvais côté ; les *aérifères* ne se dérangent
pas quoiqu'on passe sur elles.

—On dit que les abeilles placent des sentinelles aux
portes, ce fait n'est pas exact. Quand les ruches sont
très-pleines , les abeilles vont jusqu'en bas et par
force ; mais quand elles sont vides en partie, il n'y
a aucune abeille aux entrées ; je les ai toujours vues
sur leurs gâteaux, et souvent à un demi-pied au-
dessus des portes ; pouvait entrer librement tout
ennemi nocturne. J'ai remarqué un jour un ver de
teigne que les abeilles laissaient cheminer librement
sur le tablier au dedans.

— Que font donc les abeilles quand elles se promènent à l'entour du tablier, en le sondant avec leurs mandibules? elles semblent aussi ronger les planches de la ruche, chose que l'on voit quand on l'a soulevée sur des cales? est-ce pour s'aiguiser ou renforcer les mandibules? Elles ont l'air très-préoccupé en faisant ces démonstrations-là.

16ᵉ Lettre.

M. de Beauvoys. — Le père Dugast, de Bourg.

———

Nos lecteurs connaissent déjà M. de Bauvoys; mais je veux en parler encore et rendre hommage à son ardeur. Tout créateur de système ou d'invention nouvelle est à coup sûr intéressé lui-même à faire ressortir son œuvre; c'est là ce qui inspire les auteurs, et c'est cet amour-propre permis qui les porte à produire. Mais on ne saurait les isoler des vues utiles qu'on doit leur supposer; le plus grand nombre n'est pas guidé par autre chose. Ainsi, M. de Beauvoys s'empresse de répandre lui-même les bienfaits de sa ruche; il y croit, et avec lui tous ceux qui en usent. Les distinctions flatteuses qui lui ont été décernées

par un grand nombre de Sociétés savantes sont bien faites pour l'encourager. N'allons pas dire qu'il y a trop de laisser aller dans ces récompenses accordées à l'homme habile et dévoué, car je répondrai que j'ai lu les rapports d'hommes très-compétents qui reconnaissent le mérite de la ruche perfectionnée. M. de Beauvoys est infatigable ; il entreprend de longs voyages pour opérer lui-même ; car il sent de quelle importance il est pour lui et pour le public qne sa ruche soit essayée convenablement. Que d'amateurs en tous genres ont rejeté tel perfectionnement ou telle découverte pour n'avoir pas su les appliquer ! M. de Beauvoys est sur le point d'obtenir des encouragements de la part du ministre de l'agriculture qui le chargera de quelques missions ; il me donne l'espoir que si la chose a lieu il n'oubliera pas notre pays ; et comme je le gourmandais un peu sur sa fièvre, il me répondit qu'elle lui a déjà été fort utile, et *qu'il ne se repose qu'en travaillant.* Comme on le voit, la Société de l'Ain possède un laborieux confrère, et malgré son âge on peut dire de lui qu'il est le *Paramette* de l'apiculture.

Je ne puis me dispenser d'enregistrer ici quelques traits que j'ai voulu recueillir de la bouche même du père Dugast, le plus ancien des apiculteurs de l'Ain. Pendant cinquante ans de sa vie il s'est livré, à Bourg, à l'industrie des abeilles, et faisait en grand le commerce de la cire et du miel. Il a essayé les diverses ruches anciennes; il n'avait chez lui que la ruche villageoise en paille avec le capot dont il s'applaudissait. Il avait aussi la ruche Dubost qui est, comme on le sait, une boite carrée, percée à l'un des côtés d'un trou carré aussi, destiné à marier les ruches ensemble. Enfin, une troisième se voyait chez lui, c'était la ruche polonaise, soit un long cône pointu, recouvert de paille, fixée elle-même au sommet par un pot à fleur renversé.

Il prenait la reine avec la main pour la porter près d'un essaim bourdonnant au dehors; aussitôt cet essaim s'envolait vers sa reine qui s'était placée sur une branche voisine. Il avait remarqué que les essaims sortent souvent sans la reine; ce n'est donc pas elle qui les entraine comme on le dit; il la trouvait quelquefois se promenant autour de la ruche, sans doute elle était trop faible pour s'envoler.

Il plaçait ses capotes en tout temps, et les abeilles les remplissaient si la saison était bonne. Il ne les supprimait jamais, et les replaçait après les avoir prises.

La méthode de prendre toujours l'essaim de l'année pour le conserver, et de récolter la ruche ancienne, lui réussissait ; de la sorte il n'avait pas de vieux gâteaux sujets aux teignes ; il avait chez lui une ruche qu'il gardait depuis onze ans, et m'assura qu'il ne la prendrait jamais. Il conservait pour elle une grande vénération, parce que cette population laborieuse lui donnait toujours deux essaims par an, et parce qu'elle avait peuplé son abeiller. Il avait aussi quelquefois remarqué le chant de la reine.

Il reconnaissait encore que l'industrie du miel et de la cire n'allait plus comme autrefois, et qu'on allait y renoncer.

Ce vieux praticien est décédé en 1849, après avoir pu admirer la ruche de Beauvoys dont je lui expliquai le mécanisme ; le ciel ne lui a pas permis d'en faire l'essai. Il était peu partisan des innovations ; cependant il s'était laissé faire par l'abbé Ciria un transvasement qui n'a pas réussi.

Notre contrée conservera le souvenir du père Dugast, ancien gendarme en retraite, qui s'était fait une fortune par le commerce du miel. Il fut

long-temps le seul à récolter en grand; en outre,
son abeiller était bien fourni. Il avait des ruches
dans tous les coins de l'arrondissement de Bonrg.

— Les frèlons et les guêpes, dans notre pays, ne
font pas de miel, de quoi vivent-ils donc en hiver?
Les naturalistes devraient bien nous le dire. Il faut
penser qu'il en périt beaucoup, et comme ce sont
des insectes très-nuisibles, la Providence a voulu
qu'il en fût ainsi. Si nous n'avions pas d'hiver, il est
probable que nos abeilles ne récolteraient pas non
plus; un fait très-intéressant vient le démontrer. Des
abeilles d'*Europe,* transportées dans l'Amérique
méridionale, s'empressèrent d'amasser du miel pour
leur hiver; voyant qu'il n'y en avait point dans ce
pays, l'année suivante elles ne récoltèrent plus.
N'est-ce pas là du discernement (1)!

J'ai parlé des frèlons; je vais consigner un fait
dont j'ai été le témoin. Dans le courant d'octobre, j'en
ai vu un grand nombre dévorant l'écorce de mes
jeunes frênes, au point de laisser les branches nues
dans leur moïtié; leurs redoutables pinces l'enlevaient
rapidement. C'est donc là qu'ils prennent la matière

(1) Voir mes *Etudes d'histoire naturelle,* tome II, p. 203.

14

qui leur sert à construire leurs nids : cela n'est pas douteux, et je remarquai à d'autres cicatrices fermées que l'écorce avait déjà été enlevée au printemps. D'où peuvent venir les teintes diverses que l'on remarque dans l'enveloppe de leur nid et des cellules? Je suis porté à croire que cela provient du plus ou moins de mélange de l'écorce broyée par eux, et selon qu'il se trouve dans la pâte plus ou moins d'*épiderme*, de *tissu cellulaire* ou de *liber*. L'épiderme donne les tons bruns, le reste le jaune foncé ou clair. Il serait difficile de se rendre compte de la nuance des gâteaux, si l'on n'admet pas cette supposition.

17e Lettre.

De quelques faits relatifs aux abeilles. — Ne pas les laisser sortir en novembre. — Réunion de deux essaims faibles. — Supprimer le troisième sortant de la même ruche. — Pou de l'abeille.

———

Les abeilles sont si laborieuses, surtout quand elles n'ont pas eu le temps d'amasser assez de miel pour leurs provisions, qu'elles se lancent aux champs au moindre rayon de soleil; celui de novembre est trompeur. Aussi les apiculteurs soigneux ferment-ils aux deux tiers les ouvertures des ruches. Au printemps, on doit prendre la même précaution;

il faut attendre, pour les laisser sortir, que la belle
saison soit établie et qu'on n'ait plus à craindre de
refroidissement dans l'atmosphère. Le père Dugast
n'y manquait pas. Ceux qui laissent de trop grandes
ouvertures libres s'exposent à voir s'introduire dans
les ruches, pendant le froid, des animaux nuisibles.
Je l'ai fait remarquer à plus d'un cultivateur.

C'est une bonne pratique que celle de réunir deux
essaims faibles qui, seuls, n'auraient pas réussi à
récolter assez pour l'hiver, et qui, réunis, ont pu
mieux s'approvisionner: les ruches très-fortes ont
toujours prospéré. On choisit, pour cette réunion,
l'époque où il y a le moins de couvain; sans cette
précaution, on s'expose à voir les abeilles se livrer
des combats acharnés.

Avec la ruche à cadres, il est facile de fortifier
un essaim faible. On ajoute de bonne heure un ou
deux cadres chargés de miel, de couvain et de pollen.
« Si à l'entrée de l'hiver, dit M. de Beauvoys, les
vivres ne sont pas proportionnés aux besoins, on
ajoute encore des cadres, en enlevant ceux qui sont
dépouillés. » On doit les placer très-près du centre
et du côté sud, si l'on peut. M. de Beauvoys a même
introduit des cadres chargés d'abeilles, sans combat,

mais il faut veiller à ce que la reine ne soit pas parmⁱ
les abeilles introduites, et il importe qu'elles soient
de la même espèce.

Pour réunir deux essaims, on met les abeilles en
état de bruissement avec de la fumée, puis renver-
sant la ruche, on y précipite les nouvelles ; au bout
d'un instant, quand chacune a pris son assiette, on
remet la ruche en place. Quelques apiculteurs, pour
éviter la fumée, arrosent les abeilles avec de l'eau
sucrée et les mélangent ensuite ; d'autres les enfer-
ment, et pendant qu'elles sont occupées à se débar-
bouiller elles ne songent pas à se battre.

C'est un tour de force bien grand pour une ruche
que de fournir trois essaims par an ; le père Dugast
ne l'a jamais remarqué dans tout le cours de sa longue pratique ; cependant cela se voit. On comprend
que le 3e produit doit être faible et que, dans tous
les cas, il arrive tard. Il importe alors de ne pas
laisser cet essaim s'isoler ; pour cela, on lui enlève
sa reine, si l'on peut, et il rentre au bercail.

Peu d'amateurs ont remarqué un pou sur l'abeille.
C'est, selon Réaumur, à qui il n'avait pas échappé,
l'*acarus gymnopterarum* de Linnée. C'est sur les
vieilles abeilles qu'on le voit ; il se gîte sur le corselet

et sur la tête ; mais il n'y en a qu'un par abeille.
D'où vient ce parasite ? Comme tous les autres, il
croît spontanément, quand l'animal qu'il doit
miner peu à peu se trouve dans des conditions à le
faire naître. Telle est notre opinion particulière, en
attendant que les savants veuillent bien l'avouer
eux-mêmes ! Je n'ai pas encore pu contempler ce
pou des abeilles, et le père Dugast ne se doutait pas
de son existence.

On conseille de dégraisser les ruches au printemps ;
il faut cependant apporter un peu de réflexion dans
cette opération. Si l'on enlève du miel avant l'essaimage, on affaiblit la ruche et l'on compromet
l'émission des jeunes abeilles ; on ne doit, dit
M. l'abbé Guillot (de l'Ain), dégraisser qu'après
l'essaimage. Cet habile apiculteur m'a fourni quelques réflexions sur les dangers de la fumée ; il est
convaincu que le couvain peut en être fort éprouvé,
le jeune surtout. Alors qu'arrive-t-il ? C'est qu'il
périt, embarrasse les cellules, répand une mauvaise
odeur ; tellement que s'il meurt en grande partie,
les abeilles se rebuteront de nettoyer les cellules, ou
bien y perdront un temps précieux. Ce danger me
parait réel et je me demande ce que doivent produire

l'éthérisation et le chloroforme? Cela mérite d'être médité soigneusement.

J'ai remarqué cette année, le 20 septembre, des mouvements extraordinaires dans une ruche. Le gâteau latéral qui toute l'année fut couvert de cirières et d'abeilles quand le soir venait, finit par se remplir à moitié de couvain ; je n'ai jamais pu y surprendre la reine. Il servait d'entrepôt au miel, au pollen qui disparaissaient de temps en temps. Tout d'un coup et à l'époque ci-dessus désignée, je vis les abeilles occupées à déblayer les cellules pleines de couvain operculé en grande partie. Avait-il péri? non, car j'apercevais de jeunes abeilles remuer, d'autres qui venaient d'éclore. Faut-il en conclure que les abeilles étaient empressées à se faire de l'espace? Il y en avait bien ailleurs! Pensaient-elles qu'il était trop tard pour que les jeunes futures arrivassent à éclore avec avantage? Je ne sais. Il y a de quoi étonner cependant en contemplant cette destruction.

Plus tard, et après trois jours pluvieux, il ne restait pas une seule abeille sur le gâteau ; puis le temps étant couvert, autour du 20 octobre, et le froid se faisant sentir, je n'en voyais pas une à l'extérieur ni sur les côtés ; je les crus parties. Cependant au premier soleil elles reparurent; elles n'avaient fait que se replier sur le centre, manœuvre qu'elles pratiquent alors aux approches de la mauvaise saison.

www.ingramcontent.com/pod-product-compliance
Lightning Source LLC
Chambersburg PA
CBHW071215200326
41519CB00018B/5539